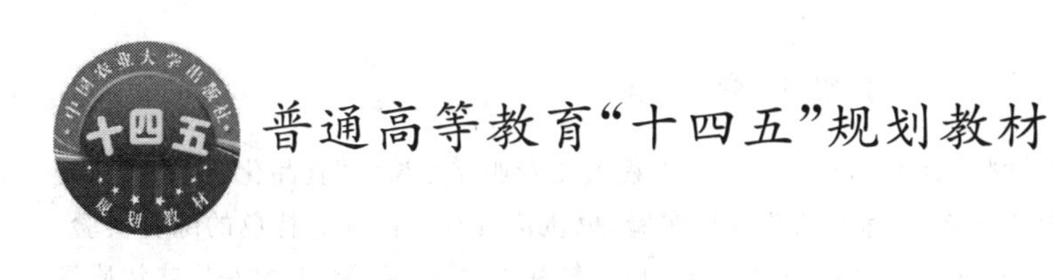

食品化学综合实验

马丽艳　主　编　　姚志轶　副主编
陈　敏　主　审

中国农业大学出版社
·北京·

内 容 简 介

为满足“新工科”背景下对学生综合能力培养和食品科学与工程大类专业核心课程“食品化学”的教学需求，本书精选了 52 个实验，这些实验既包括经典理论的验证性实验，也包括具有现代食品特色的综合实验。全书共分 9 章，第一至八章分别介绍水分、碳水化合物、脂类、蛋白质和氨基酸、维生素、酶、色素和风味物质等食品中主要成分的组成、主要化学性质及在食品贮藏加工中变化的实验。第九章介绍食品化学实验的基本要求。部分实验配有视频资料，这些视频资料有助于加深学生对实验内容的理解。

本书可作为高等院校食品科学与工程大类专业学生的实验教材，也可作为有关研究单位、食品企业、食品安全检测机构等工作技术人员的参考用书。

图书在版编目(CIP)数据

食品化学综合实验 / 马丽艳主编. —北京：中国农业大学出版社，2021.3
ISBN 978-7-5655-2533-9

Ⅰ.①食… Ⅱ.①马… Ⅲ.①食品化学-实验-教材 Ⅳ.①TS201.2

中国版本图书馆 CIP 数据核字(2021)第 049776 号

书　　名　食品化学综合实验
作　　者　马丽艳　主编

策划编辑　宋俊果　王笃利　魏　巍　　**责任编辑**　韩元凤
封面设计　郑　川
出版发行　中国农业大学出版社
社　　址　北京市海淀区圆明园西路 2 号　　**邮政编码**　100193
电　　话　发行部 010-62733489,1190　　**出 版 部**　010-62733440
　　　　　编辑部 010-62732617,2618
网　　址　http://www.caupress.cn　　**E-mail**　cbsszs @ cau.edu.cn
经　　销　新华书店
印　　刷　北京鑫丰华彩印有限公司
版　　次　2021 年 3 月第 1 版　　2021 年 3 月第 1 次印刷
规　　格　787×1 092　　16 开本　　11.25 印张　　280 千字
定　　价　35.00 元

全国高等学校食品类专业系列教材

编审指导委员会委员

（按姓氏拼音排序）

编审人员

主　　编　马丽艳

副 主 编　姚志轶

编　　者　（按姓氏拼音排列）

龚金炎（浙江科技学院）

李雪松（中国农业大学）

马丽艳（中国农业大学）

万　茵（南昌大学）

姚志轶（中国农业大学）

于志鹏（渤海大学）

袁长梅（中国农业大学）

臧佳辰（中国农业大学）

张　雨（北京工商大学）

张晓旭（天津科技大学）

周子莹（中国农业大学）

主　　审　陈　敏（中国农业大学）

出版说明
(代总序)

岁月如梭,食品科学与工程类专业系列教材自启动建设工作至现在的第4版或第5版出版发行,已经近20年了。160余万册的发行量,表明了这套教材是受到广泛欢迎的,质量是过硬的,是与我国食品专业类高等教育相适宜的,可以说这套教材是在全国食品类专业高等教育中使用最广泛的系列教材。

这套教材成为经典,作为总策划,我感触颇多,翻阅这套教材的每一科目、每一章节,浮现眼前的是众多著作者们汇集一堂倾心交流、悉心研讨、伏案编写的景象。正是大家的高度共识和对食品科学类专业高等教育的高度责任感,铸就了系列教材今天的成就。借再一次撰写出版说明(代总序)的机会,站在新的视角,我又一次对系列教材的编写过程、编写理念以及教材特点做梳理和总结,希望有助于广大读者对教材有更深入的了解,有助于全体编者共勉,在今后的修订中进一步提高。

一、优秀教材的形成除著作者广泛的参与、充分的研讨、高度的共识外,更需要思想的碰撞、智慧的凝聚以及科研与教学的厚积薄发。

20年前,全国40余所大专院校、科研院所,300多位一线专家教授,覆盖生物、工程、医学、农学等领域,齐心协力组建出一支代表国内食品科学最高水平的教材编写队伍。著作者们呕心沥血,在教材中倾注平生所学,那字里行间,既有学术思想的精粹凝结,也不乏治学精神的光华闪现,诚所谓学问人生,经年积成,食品世界,大家风范。这精心的创作,与敷衍的粘贴,其间距离,何止云泥!

二、优秀教材以学生为中心,擅于与学生互动,注重对学生能力的培养,绝不自说自话,更不任凭主观想象。

注重以学生为中心,就是彻底摒弃传统填鸭式的教学方法。著作者们谨记"授人以鱼不如授人以渔",在传授食品科学知识的同时,更启发食品科学人才获取知识和创造知识的思维与灵感,于润物细无声中,尽显思想驰骋,彰耀科学精神。在写作风格上，也注重学生的参与性和互动性，接地气，说实话，“有里有面”，深入浅出，有料有趣。

三、优秀教材与时俱进，既推陈出新，又勇于创新，绝不墨守成规，也不亦步亦趋，更不原地不动。

首版再版以至四版五版，均是在充分收集和尊重一线任课教师和学生意见的基础上，对新增教材进行科学论证和整体规划。每一次工作量都不小，几乎覆盖食品学科专业的所有骨干课程和主要选修课程，但每一次修订都不敢有丝毫懈怠，内容的新颖性，教学的有效性，齐头并进，一样都不能少。具体而言，此次修订，不仅增添了食品科学与工程最新发展，又以相当篇幅强调食品工艺的具体实践。每本教材，既相对独立又相互衔接互为补充，构建起系统、完整、实用的课程体系，为食品科学与工程类专业教学更好服务。

四、优秀教材是著作者和编辑密切合作的结果，著作者的智慧与辛劳需要编辑专业知识和奉献精神的融入得以再升华。

同为他人作嫁衣裳，教材的著作者和编辑，都一样的忙忙碌碌，飞针走线，编织美好与绚丽。这套教材的编辑们站在出版前沿，以其炉火纯青的编辑技能，辅以最新最好的出版传播方式，保证了这套教材的出版质量和形式上的生动活泼。编辑们的高超水准和辛勤努力，赋予了此套教材蓬勃旺盛的生命力。而这生命力之源就是广大院校师生的认可和欢迎。

第 1 版食品科学与工程类专业系列教材出版于 2002 年，涵盖食品学科 15 个科目，全部入选“面向 21 世纪课程教材”。

第 2 版出版于 2009 年，涵盖食品学科 29 个科目。

第 3 版(其中《食品工程原理》为第 4 版)500 多人次 80 多所院校参加编写，2016 年出版。此次增加了《食品生物化学》《食品工厂设计》等品种，涵盖食品学科 30 多个科目。

需要特别指出的是，这其中，除 2002 年出版的第 1 版 15 部教材全部被审批为“面向 21 世纪课程教材”外，《食品生物技术导论》《食品营养学》《食品工程原理》《粮油加工学》《食品试验设计与统计分析》等为“十五”或“十一五”国家级规划教材。第 2 版或第 3 版教材中，《食品生物技术导论》《食品安全导论》《食品营养学》《食品工程原理》4 部为“十二五”普通高等教育本科国家级规划教材，《食品化学》《食品化学综合实验》《食品安全导论》等多个科目为原农业部“十二五”或农业农村部“十三五”规划教材。

本次第 4 版(或第 5 版)修订，参与编写的院校和人员有了新的增加，在比较完善的科目基础上与时俱进做了调整，有的教材根据读者对象层次以及不同的特色做了不同版本，舍去了个别不再适合新形势下课程设置的教材品种，对有些教材的题目做了更新，使其与课程设置更加契合。

在此基础上，为了更好满足新形势下教学需求，此次修订对教材的新形态建设提出了更高的要求，出版社教学服务平台“中农 De 学堂”将为食品科学与工程类专业系列教材的新形态建设提供全方位服务和支持。此次修订按照教育部新近印发的《普通高等学校教材管理办法》的有关要求，对教材的政治方向和价值导向以及教材内容的科学性、先进性和适用性等提出了明确且具针对性的编写修订要求，以进一步提高教材质量。同时为贯彻《高等学校课程思政建设指导纲要》文件精神，落实立德树人根本任务，明确提出每一种教材在坚持食品科学学科专业背景的基础上结合本教材内容特点努力强化思政教育功能，将思政教育理念、思政教育元素有机融入教材，在课程思政教育润物细无声的较高层次要求中努力做出各自的探索，为全面高水平课程思政建设积累经验。

教材之于教学，既是教学的基本材料，为教学服务，同时教材对教学又具有巨大的推动作用，发挥着其他材料和方式难以替代的作用。教改成果的物化、教学经验的集成体现、先进教学理念的传播等都是教材得天独厚的优势。教材建设既成就了教材，也推动着教育教学改革和发展。教材建设使命光荣，任重道远。让我们一起努力吧！

罗云波

2021 年 1 月

前　言

“食品化学”是食品科学与工程类专业的一门重要专业基础课。“食品化学实验”是一门通过实验对食品化学的理论知识进行验证、与“食品化学”配套开设的基础性实验课程，对学生理解和巩固食品化学基本理论，锻炼动手能力和分析问题、解决问题的能力有重要作用。由于各种原因，很多学校本科生的食品化学实验课程目前仍以食品分析的内容为主，对于食品化学所强调的食品组成成分的结构与功能，食品贮藏、加工过程中的化学变化及其影响因素等方面的内容体现不够充分，弱化了食品化学实验的重要性。

本教材在编写过程中，实验内容与食品化学理论教材相对应，按食品化学组成分章节设计实验，便于学生通过实验同步理解所学的理论知识。同时，重点设计了食品组分在加工、贮藏过程中的化学变化方面的内容，尽量避免与食品分析实验、食品工艺学实验重复。考虑到不同学校和单位实验条件的差异，每章均设计多个实验，有的实验简单，有的相对复杂，各校可根据实验条件进行选择。部分需提前准备实验材料的，鼓励学生参与到实验设计中，以提高学习的兴趣。本书在编写过程中引入新形态模式，将部分实验制作成视频资料，学生通过扫描二维码或者登录教学服务平台可在线观看视频操作过程，加深对实验的理解。

新时代的实验课程不仅要传授实验内容、训练操作技能，更要培养学生的科学素养，通过实验课加深学生对实验科学的认识与理解，改变重理论、轻实验的主观意识，培养其正确的学习观，促进学生全面发展。科学研究离不开动手操作，生产实践更离不开动手操作，实验课是培养学生动手能力、解决实际问题能力的第一课，也是最重要的一课。本教材注重落实立德树人的根本任务，强化思政教育，努力使学生充分认识课程在加强食品安全中的重要作用，培养学生的专业兴趣，提高学生的使命感。

本教材由中国农业大学马丽艳任主编，中国农业大学姚志轶为副主编。参加编写的人员有浙江科技学院龚金炎，南昌大学万茵，渤海大学于志鹏，北京工商大学张雨，天津科技大学张晓旭，中国农业大学袁长梅、周子莹、臧佳辰、李雪松。全书由马丽艳统稿，中国农业大学陈敏主审。参加编写的人员大多是从事实验教学的教师，实验内容是他们长期教学工作经验的总结，有较强的实用性。本教材可作为高等院校本科生或研究生食品化学课程的配套实验教材，也可为从事食品检验、食品质量监督、食品企业生产和管理的人员提供参考。

由于编者知识水平有限，教材中难免存在缺陷、错误和不当之处，敬请广大读者批评指正。

编　者

2020 年 7 月 20 日

前　言

编者

目　录

第一章 水 分

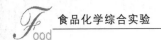

实验一　水分活度的测定(康卫氏皿扩散法)

一、实验目的

1. 学习并掌握水分活度的测定原理、方法。
2. 了解康卫氏皿的使用方法。

二、实验原理

水分活度(A_w)是指食品中水的蒸汽压和该温度下纯水的饱和蒸汽压的比值。公式如下：

$$A_w = \frac{p}{p_0} = \frac{ERH}{100}$$

式中：A_w—水分活度；

p—溶液或食品中水蒸气分压；

p_0—相同温度下纯水的蒸汽压；

ERH—样品周围的空气平衡相对湿度。

水分活度与食品稳定性关系密切，它不仅影响食品中的化学反应和微生物生长，对食品的质构、流变特性等也有重要影响。通过测定进而控制食品的水分活度，可以降低生化反应速率，优化食品的质构和货架期等。

康卫氏皿扩散法的测定原理是食品中的水分随环境的相对湿度变化而变化，在密封、恒温的康卫氏皿中，试样中的自由水在水分活度(A_w)较高和较低的标准饱和溶液相互扩散，达到平衡后，根据试样质量的变化量，求得样品的水分活度。

表 1-1 为 25℃标准饱和溶液的水分活度。

表 1-1　25℃标准饱和溶液的水分活度

溶液名称	水分活度 A_w	溶液名称	水分活度 A_w	溶液名称	水分活度 A_w
溴化锂	0.064	氯化钴	0.649	硫酸铵	0.810
氯化锂	0.113	氯化锶	0.709	硝酸锶	0.851
氯化镁	0.328	硝酸钠	0.743	氯化钡	0.902
硝酸镁	0.529	氯化钠	0.753	硝酸钾	0.936
溴化钠	0.576	溴化钾	0.809	硫酸钾	0.973

三、试剂、仪器和材料

(一)试剂

(1)溴化锂饱和溶液：称取 500 g 溴化锂($LiBr \cdot 2H_2O$)，加入热水 200 mL，冷却至形成固液两相的饱和溶液，贮于棕色试剂瓶中，常温下放置一周后使用。

(2)氯化锂饱和溶液：称取 220 g 氯化锂($LiCl \cdot H_2O$)，加入热水 200 mL，冷却至形成固液两相的饱和溶液，贮于棕色试剂瓶中，常温下放置一周后使用。

(3)氯化镁饱和溶液：称取 150 g 氯化镁($MgCl_2 \cdot 6H_2O$)，加入热水 200 mL，冷却至形成固液两相的饱和溶液，贮于棕色试剂瓶中，常温下放置一周后使用。

(4)碳酸钾饱和溶液：称取 300 g 碳酸钾(K_2CO_3)，加入热水 200 mL，冷却至形成固液两相的饱和溶液，贮于棕色试剂瓶中，常温下放置一周后使用。

(5)硝酸镁饱和溶液：称取 200 g 硝酸镁[$Mg(NO_3)_2 \cdot 6H_2O$]，加入热水 200 mL，冷却至形成固液两相的饱和溶液，贮于棕色试剂瓶中，常温下放置一周后使用。

(6)溴化钠饱和溶液：称取 260 g 溴化钠($NaBr \cdot 2H_2O$)，加入热水 200 mL，冷却至形成固液两相的饱和溶液，贮于棕色试剂瓶中，常温下放置一周后使用。

(7)氯化钴饱和溶液：称取 160 g 氯化钴($CoCl_2 \cdot 6H_2O$)，加入热水 200 mL，冷却至形成固液两相的饱和溶液，贮于棕色试剂瓶中，常温下放置一周后使用。

(8)氯化锶饱和溶液：称取 200 g 氯化锶($SrCl_2 \cdot 6H_2O$)，加入热水 200 mL，冷却至形成固液两相的饱和溶液，贮于棕色试剂瓶中，常温下放置一周后使用。

(9)硝酸钠饱和溶液：称取 260 g 硝酸钠($NaNO_3$)，加入热水 200 mL，冷却至形成固液两相的饱和溶液，贮于棕色试剂瓶中，常温下放置一周后使用。

(10)氯化钠饱和溶液：称取 100 g 氯化钠(NaCl)，加入热水 200 mL，冷却至形成固液两相的饱和溶液，贮于棕色试剂瓶中，常温下放置一周后使用。

(11)溴化钾饱和溶液：称取 200 g 溴化钾(KBr)，加入热水 200 mL，冷却至形成固液两相的饱和溶液，贮于棕色试剂瓶中，常温下放置一周后使用。

(12)硫酸铵饱和溶液：称取 210 g 硫酸铵[$(NH_4)_2SO_4$]，加入热水 200 mL，冷却至形成固液两相的饱和溶液，贮于棕色试剂瓶中，常温下放置一周后使用。

(13)氯化钾饱和溶液：称取 100 g 氯化钾(KCl)，加入热水 200 mL，冷却至形成固液两相的饱和溶液，贮于棕色试剂瓶中，常温下放置一周后使用。

(14)硝酸锶饱和溶液：称取 240 g 硝酸锶[$Sr(NO_3)_2$]，加入热水 200 mL，冷却至形成固液两相的饱和溶液，贮于棕色试剂瓶中，常温下放置一周后使用。

(15)氯化钡饱和溶液：称取 100 g 氯化钡($BaCl_2 \cdot 2H_2O$)，加入热水 200 mL，冷却至形成固液两相的饱和溶液，贮于棕色试剂瓶中，常温下放置一周后使用。

(16)硝酸钾饱和溶液：称取 120 g 硝酸钾(KNO_3)，加入热水 200 mL，冷却至形成固液两相的饱和溶液，贮于棕色试剂瓶中，常温下放置一周后使用。

(17)硫酸钾饱和溶液：称取 35 g 硫酸钾(K_2SO_4)，加入热水 200 mL，冷却至形成固液两相的饱和溶液，贮于棕色试剂瓶中，常温下放置一周后使用。

(二)仪器设备

(1)康卫氏皿：玻璃质，分内室外室，外室外直径为 100 mm、外室内直径 92 mm、内室外直径为 53 mm、内室内直径 45 mm、外室高度为 25 mm、内室高度 10 mm，带磨砂玻璃盖。

(2)称量皿：直径 35 mm，高 10 mm。

(3)电子天平。

(4)恒温培养箱。

(5)电热恒温鼓风干燥箱。

(三)实验材料

蛋糕、饼干、香蕉、果酱等。

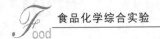

四、实验步骤

(一)样品预处理

粉末状固体、颗粒状固体及糊状样品,混合均匀;块状样品迅速切成 3 mm 见方的小块;液体或果酱等样品混合均匀。

(二)样品测定

(1)将盛有试样的密闭容器、康卫氏皿、称量皿置于恒温培养箱内,于(25±1)℃条件下,恒温 30 min。取出后立即使用及测定。

(2)准确称量恒重后的铝制或玻璃制称量皿。分别取 12.0 mL 溴化锂饱和溶液、氯化镁饱和溶液、氯化钴饱和溶液、硫酸钾饱和溶液置于 4 个康卫氏皿的外室。

(3)准确称取 4 份 1.5 g(精确至 0.000 1 g)切碎均匀的样品,迅速放入康卫氏皿内室,然后在扩散皿磨口边缘均匀涂上一层凡士林,在(25±0.5)℃下放置 2 h,取出盛有样品的铝皿或玻璃皿,迅速称量,以后每隔 30 min 称重一次,至恒重为止。

五、结果分析

表 1-2 实验数据记录表

样品质量	饱和溶液 1	饱和溶液 2	饱和溶液 3	饱和溶液 4
饱和溶液水分活度 A_w				
称量皿的质量 m_0/g				
平衡前试样和称量皿质量 m/g				
平衡后试样和称量皿质量 m_1/g				
试样质量增减量 X/(g/g)				
样品水分活度 A_w				

(一)质量增减量计算

$$X=\frac{m_1-m}{m-m_0}$$

式中:X—试样质量的增减量,g/g;

m_1—25℃扩散平衡后试样和称量皿的质量,g;

m—25℃扩散平衡前试样和称量皿的质量,g;

m_0—称量皿的质量,g。

(二)二维直线图的绘制

以各种标准饱和溶液在(25±0.5)℃下的 A_w 值为横坐标,以试样质量增减量为纵坐标绘制二维直线图。此线与横轴的交点即为样品的水分活度预测值(图 1-1)。

(三)样品的测定

依据预测定结果,分别选用水分活度数值大于和小于试样预测结果数值的饱和盐溶液各 3 种,按上述操作进行样品的测定(图 1-2)。

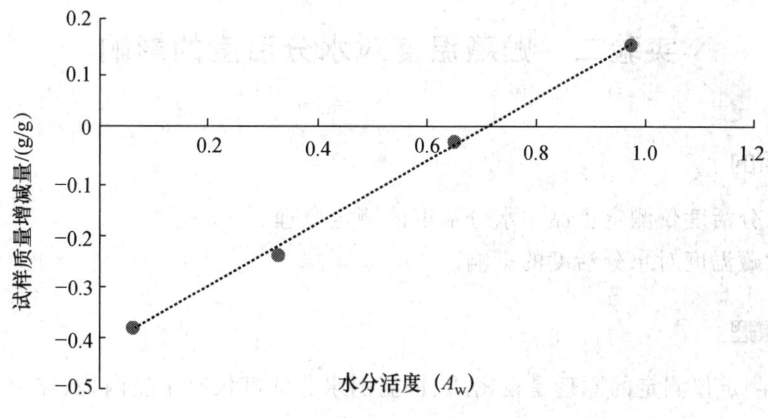

图 1-1　水分活度预测二维直线图

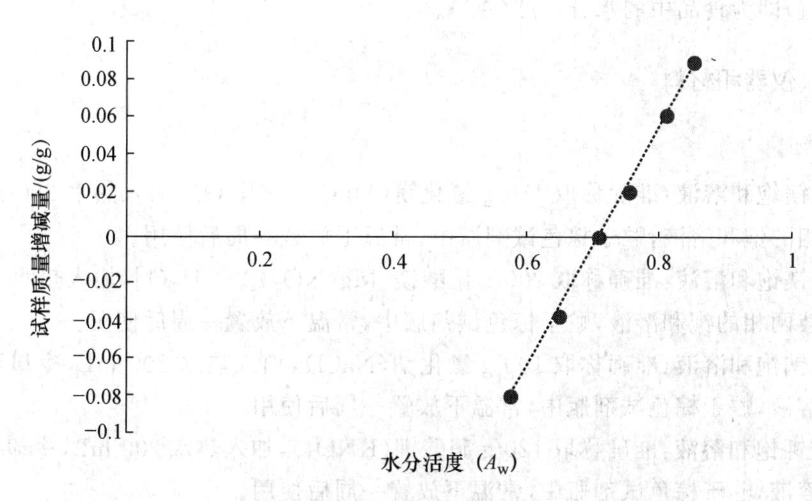

图 1-2　水分活度二维直线图

六、方法说明及注意事项

(1)方法给出了不同水分活度标准饱和溶液的配制方法,使用时可根据样品水分活度预估值进行选择。一般在进行操作时,选择 2～4 份标准饱和溶液,A_w 范围尽可能涵盖样品 A_w 值。

(2)康卫氏扩散皿密封性要好,测定前需和称量皿一起干燥至恒重。

(3)环境的温湿度对样品测定有一定影响,应保持在室温 18～25℃,相对湿度 50%～80%的条件下分析。样品的取样条件要一致,并在同一条件下进行操作,要求快速、准确。

(4)多数样品可在 2 h 后测定 A_w 值,但米饭类、油脂类等样品则需 4 d 左右时间才能测定,为避免样品腐败,可加入 0.2%山梨酸防腐,并做相应空白试验。

思　考　题

1. 水分活度的测定方法还有哪些?简述其测定原理及优、缺点。

2. 水分活度在日常生活中的应用有哪些?

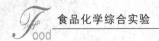

实验二　贮藏温度对水分活度的影响

一、实验目的

1. 掌握水分活度仪测定食品中水分活度的测定原理。

2. 了解贮藏温度对水分活度的影响。

二、实验原理

水分活度测定仪测定的原理是在密闭、恒温的水分活度仪测量舱内，试样中的水分扩散平衡，利用测定仪上的传感器装置，根据试样中水的蒸汽压变化，从仪器上显示的响应值(相对湿度对应的数值)即为食品中的水分活度(A_w)。

三、试剂、仪器和材料

(一)试剂

(1)氯化镁饱和溶液：准确称取 150 g 氯化镁($MgCl_2 \cdot 6H_2O$)，加入热水 200 mL，冷却至形成固液两相的饱和溶液，贮于棕色试剂瓶中，常温下放置一周后使用。

(2)硝酸镁饱和溶液：准确称取 200 g 硝酸镁[$Mg(NO_3)_2 \cdot 6H_2O$]，加入热水 200 mL，冷却至形成固液两相的饱和溶液，贮于棕色试剂瓶中，常温下放置一周后使用。

(3)氯化钠饱和溶液：准确称取 100 g 氯化钠(NaCl)，加入热水 200 mL，冷却至形成固液两相的饱和溶液，贮于棕色试剂瓶中，常温下放置一周后使用。

(4)硝酸钾饱和溶液：准确称取 120 g 硝酸钾(KNO_3)，加入热水 200 mL，冷却至形成固液两相的饱和溶液，贮于棕色试剂瓶中，常温下放置一周后使用。

(二)仪器设备

(1)水分活度测定仪。

(2)天平：感量 0.01 g。

(3)样品皿。

(三)实验材料

小麦粉。

四、实验步骤

(一)样品处理

将小麦粉分别在－20℃、4℃和室温下放置 30 d。

(二)水分活度仪校正

校正的目的是降低环境温度、湿度对测量结果的影响，建立电信号变化与水分活度数值的响应关系。一般在室温 18～25℃，相对湿度 50%～80%的条件下进行校准，根据样品水分活度范围，选择接近的饱和盐溶液校正水分活度仪。

(三)样品测定

称取 1～2 g(精确至 0.01 g)样品,迅速放入样品皿中,封闭测量仓,在温度 20～25℃、相对湿度 50%～80%的条件下测定。每间隔 10 min 记录水分活度仪的响应值。当相邻两次响应值之差小于 0.005A_w 时,记录样品的水分活度。

五、实验结果

记录样品水分活度的结果。

六、方法说明及注意事项

(1)样品处理时要迅速,避免外界环境对样品的影响。
(2)样品应平铺在样品皿的底部。
(3)仪器使用过程中,不要触摸水分活度传感器外壳,测定过程中,不要打开传感器。
(4)禁止测量水分活度高于 0.98 的样品。
(5)不同贮藏温度的样品需提前准备,使水分活度平衡。

思　考　题

分析贮存温度对水分活度的影响。

实验三　稻米水分吸附和解吸等温曲线的制作

一、实验目的

1. 掌握稻米水分吸附、解吸等温曲线的测定方法。
2. 了解等温曲线的分区、性质和滞后现象。

二、实验原理

在恒定温度下,食品的水分含量与其水分活度绘图形成的曲线为吸附等温曲线。通过测定吸附等温线可以了解不同物料间水分的转移情况、食品的稳定性、包装材料的性能、防止食品腐败等方面的信息,对食品加工和贮藏有重要的意义。

三、试剂、仪器和材料

(一)仪器设备

(1)电子天平。
(2)生化培养箱。
(3)真空干燥箱。
(4)水分活度仪。

(二)实验材料

稻米。

四、实验步骤

(一)解吸等温线样品的制备

取混匀后的稻谷置于密闭生化培养箱中25℃下平衡7 d,测定其水分含量。将其分成14份,加入蒸馏水使其含水量达23%左右(以湿基计),密闭于玻璃瓶中,4℃下平衡20 d,定期摇匀。将平衡后的样品按2%的水分梯度,用40℃鼓风干燥法去除水分至预定含水量,当预定水分低于13%时,40℃处理后用P_2O_5在40℃下吸收水分至预定含水量。将制得的样品密闭于玻璃瓶中,4℃下平衡2个月后测定水分含量和水分活度。

(二)吸附等温线样品的制备

用P_2O_5在40℃下吸去水分至约1.5%(以湿基计)后充分混匀,测定其初始含水量。将干燥的稻谷分成14份,按2%(以湿基计)的水分梯度加入蒸馏水至预定含水量,摇匀后密闭于4℃下平衡2个月,测定水分含量和水分活度。

(三)水分活度的测定方法

水分活度采用水分活度测定仪进行测定。

称取1～2 g(精确至0.01 g)样品,迅速放入样品皿中,封闭测量仓,在温度20～25℃、相对湿度50%～80%的条件下测定。每间隔10 min记录水分活度仪的响应值。当相邻两次响应值之差小于0.005A_w时,记录样品的水分活度。

(四)水分的测定

食品中水分的测定,采用直接干燥法测定样品中的水分含量。

五、结果分析

根据测定的水分含量和水分活度的数据,以水分活度为横坐标,平衡时含水量为纵坐标绘制等温线。

六、方法说明及注意事项

(1)温度对水分吸附等温线有重要影响,在一定的水分含量时,水分活度随温度的上升而增大,即水分等温线随温度的上升向高水分活度方向迁移。

(2)不同类型的食品水分吸附等温线有不同的形状,大多数食品的等温线呈S形。

(3)采用回吸的方法绘制的等温线和按解吸方法绘制的等温线之间不互相重叠,这种现象称为滞后现象,故不能从水分回吸现象预测解吸现象。

思 考 题

1. 滞后现象产生的原因是什么?
2. 吸湿等温曲线在食品贮藏加工中的作用有哪些?

实验四 食品玻璃化转变温度的测定

一、实验目的

1. 掌握食品玻璃化转变温度的概念及测定的原理。
2. 了解差示扫描量热仪操作的方法。

二、实验原理

玻璃态是聚合物的一种状态，这种状态既像固体一样有一定的形状和体积，又像液体分子有近似有序的排列。随着脱水、冷冻加工过程，食品中的水溶性成分容易形成“玻璃态”，即形成玻璃态食品。橡胶态是高聚物转变为柔软而有弹性的固体。玻璃化转变温度是指非晶态的食品体系从玻璃态到橡胶态转变时的温度，表示为 T_g。大多数食品具有玻璃化相变温度或范围。

食品的玻璃化转变影响食品的品质和稳定性，测量食品的玻璃化转变温度可以为食品贮藏提供适宜的参数。食品玻璃态转化温度的测定方法有很多，对于简单的高分子体系，可以采用差示扫描量热仪测定，对于复杂的大多数食品体系，一般可以采用动态机械分析方法、动态热机械分析方法、核磁共振技术等测定。

差示扫描量热法(DSC)是在程序控制温度下，测量试样和参比物的功率差(热流量差)随温度(或时间)变化的一种技术。根据所用测定方法不同，分为功率补偿型差示扫描量热法和热流型差示扫描量热法两种，测得的曲线称为 DSC 曲线。

三、试剂、仪器和材料

(一)试剂

氮气。

(二)仪器设备

(1)电子天平，感量 0.01 mg。
(2)差示扫描量热仪。
(3)铝坩埚。
(4)压片机。

(三)实验材料

玉米淀粉、小麦淀粉。

四、实验步骤

(一)称量

将底坩埚置于电子天平上归零，在坩埚中加入 5～10 mg 样品，称量并记录样品质量。

(二)压片

将装有样品的坩埚置于压样机中,放上盖片,放置合适后将压杆旋下,稍加旋紧即可。实验以空气做参比,利用同样方法制备参比样品坩埚,参比可重复使用。

(三)测定

1. 校正仪器

将具有相同质量的两个空样品坩埚放入样品池,将仪器调整到实际测量的条件。在要求的温度范围内,DSC 曲线应是一条直线。

2. 样品测定

打开 DSC 炉体,小心用镊子将制备好的试样和参比皿放入样品池中,盖上炉盖。设置测定参数,在 20℃ 恒温 1 min,控制升温速度 10℃/min,当温度达到 200℃时,测量结束。

五、结果分析

DSC 曲线中以样品吸热或放热的速率,即热流率 dH/dt 为纵坐标,以温度 T 或时间 t 为横坐标,其典型图谱如图 1-3 所示。在 DSC 曲线中,取基线与曲线弯曲部的外延线的交点或者取曲线的拐点所对应的温度即为试样的 T_g。

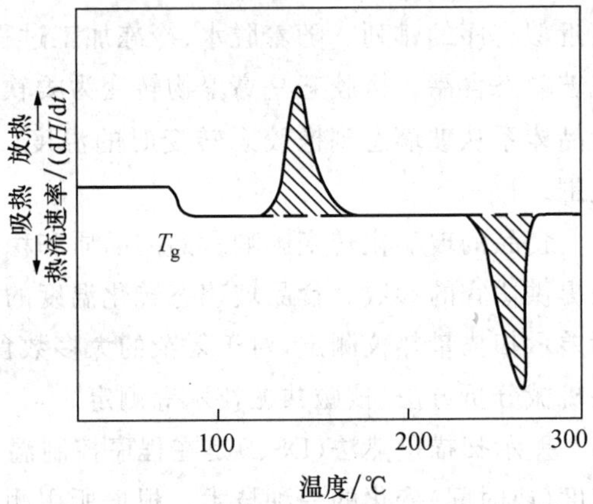

图 1-3 DSC 典型综合图谱

六、方法说明及注意事项

(1)实验前,应先打开仪器电源,使电器元件温度平衡。

(2)试样量过多时会导致试样内部传热速度慢,温度梯度大,峰形扩大,分辨率下降。样品用量另有要求时,根据要求确定用量。

(3)称样时不要把样品撒在坩埚边缘和底部,试样要均匀平铺在坩埚底部,不要堆在一侧;若试样是颗粒,需要放在坩埚中央位置。

(4)数据采集过程中应避免仪器周围有明显的震动,严禁打开上盖,轻微触碰仪器前部就会在 DSC 曲线上产生明显的峰谷。

思 考 题

影响食品玻璃化温度的因素有哪些?

第二章

碳水化合物

实验一　食品中还原糖的含量测定

一、实验目的

1. 了解食品中还原糖的概念及其还原性。
2. 掌握直接滴定法测定还原糖含量的原理和操作。

二、实验原理

分子中含有自由醛或半缩醛类官能团的糖都具有还原性，称为还原糖。单糖是含有一个自由的醛基或酮基的多羟基化合物，具有还原性，如葡萄糖、果糖等。部分低聚糖分子中也含有自由醛或半缩醛结构，也具有还原性，如乳糖、麦芽糖等。还原糖能被氧化剂氧化，可通过滴定法测定食品中还原糖的含量。

将等量的碱性酒石酸铜甲液和乙液混合，生成可溶性的酒石酸钾钠铜络合物。在加热条件下，以次甲基蓝为指示剂，用样液滴定，样液中还原糖与酒石酸钾钠铜反应，生成红色的氧化亚铜沉淀，氧化亚铜沉淀再与试剂中的亚铁氰化钾反应，生成可溶性化合物，达到终点时，稍过量的还原糖把亚甲基蓝还原，蓝色褪去即为反应终点，根据样液消耗量，即可计算出还原糖的含量。

$$CuSO_4 + 2NaOH \longrightarrow Cu(OH)_2\downarrow + Na_2SO_4$$

$$Cu(OH)_2 + \begin{matrix} HO-CH-COONa \\ | \\ HO-CH-COOK \end{matrix} \longrightarrow Cu\begin{matrix} <O-CH-COONa \\ \quad\quad | \\ <O-CH-COOK \end{matrix} + 2H_2O$$

$$\begin{matrix} CHO \\ | \\ (CHOH)_4 \\ | \\ CH_2OH \end{matrix} + 6\begin{matrix} COOK \\ | \\ CHO \\ | \\ CHO \\ | \\ COONa \end{matrix}\!\!>Cu + 6H_2O \longrightarrow \begin{matrix} COOH \\ | \\ (CHOH)_3 \\ | \\ CH_2OH \end{matrix} + 6\begin{matrix} COOK \\ | \\ CHOH \\ | \\ CHOH \\ | \\ COONa \end{matrix} + 3Cu_2O\downarrow + H_2CO_3$$

$$Cu_2O + K_4Fe(CN)_6 + 3H_2O \longrightarrow K_2Cu_2Fe(CN)_6 + 2KOH + 2H_2O$$

三、试剂、仪器和材料

(一)试剂

(1)碱性酒石酸铜甲液：称取 15 g 硫酸铜及 0.05 g 亚甲基蓝，溶于水，并稀释至 1 000 mL。

(2)碱性酒石酸铜乙液：称取 50 g 酒石酸钾钠及 75 g 氢氧化钠溶于水中，再加入 4 g 亚铁氰化钾，完全溶解后，用水稀释至 1 000 mL，贮放于具有橡胶塞的玻璃瓶中。

(3)乙酸锌溶液：称取 21.9 g 乙酸锌，加 3 mL 冰乙酸，并加水溶解，稀释至 100 mL。

(4)亚铁氰化钾：称取 10.6 g 亚铁氰化钾，加水溶解并稀释至 100 mL。

(5)葡萄糖标准溶液：精确称取 1.000 g 经 98～100℃干燥至恒重的纯葡萄糖，加水溶解后加入 5 mL 盐酸，以水稀释，并定容至 1 000 mL。该溶液每毫升相当于 1 mg 葡萄糖。

(二)仪器设备

(1)电子天平。

(2)水浴锅。

(3)可调式电炉。

(4)其他:锥形瓶、容量瓶、移液管、量筒、烧杯、滤纸、玻璃珠等。

(三)实验材料

苹果、牛奶、果蔬汁等。

四、实验步骤

(一)样品处理

1. 一般食品

称取2.5～5 g固体样品或混匀后的液体样品5～25 g,置于250 mL容量瓶中,加入50 mL蒸馏水,摇匀后缓慢加入5 mL乙酸锌溶液及5 mL亚铁氰化钾溶液,加水稀释至刻度,混匀后,静置30 min,用滤纸过滤,弃去部分初滤液,所得滤液备用。

2. 淀粉含量高的样品

称取10～20 g样品,置于250 mL容量瓶中,加入200 mL水,在45℃水浴中加热1 h,并不时振荡。取出冷却后加水至刻度线,摇匀,静置。移取200 mL上清液于另一只250 mL容量瓶中,加入5 mL乙酸锌溶液及5 mL亚铁氰化钾溶液,加水稀释至刻度,混匀后,静置30 min,用滤纸过滤,弃去部分初滤液,所得滤液备用。

3. 酒精类饮料

称取100 g样品于蒸发皿中,用1 mol/L氢氧化钠溶液中和至pH=7,在水浴上蒸发至原体积的1/4后,移入250 mL容量瓶中,加入5 mL乙酸锌溶液及5 mL亚铁氰化钾溶液,加水稀释至刻度,混匀后静置30 min,用滤纸过滤,所得滤液备用。

4. 碳酸饮料

称取100 g样品于蒸发皿中,在水浴上除去二氧化碳后,移入250 mL容量瓶内,用少量水洗涤蒸发皿,洗液并入容量瓶内,加水定容至刻度,摇匀后备用。

(二)标定

吸取碱性酒石酸铜甲液、乙液各5.0 mL于150 mL锥形瓶内,加水10 mL,加入玻璃珠数粒,从滴定管内加葡萄糖标准溶液约9 mL,并在2 min内加热至沸腾,趁热以每2 s 1滴的速度继续滴加葡萄糖标准溶液,直至溶液的蓝色刚好褪去为止,记录消耗的葡萄糖标准溶液的总体积。重复平行操作3份,取其平均值。计算每10 mL碱性酒石酸铜甲、乙混合液相当于葡萄糖的质量。

$$m_1 = cV$$

式中:m_1—10 mL碱性酒石酸铜混合液相当于葡萄糖的质量,mg;

c—葡萄糖标准溶液浓度,mg/mL;

V—测定时消耗葡萄糖标准溶液的平均体积,mL。

(三)样品提取液预滴定

吸取碱性酒石酸铜甲、乙液各5.0 mL于150 mL锥形瓶中,加水10 mL,加入玻璃珠数粒，在 2 min 内加热至沸腾，趁热从滴定管中滴加样品溶液，整个过程保持沸腾状态，待溶液颜色转浅后，以 2 s 1 滴的速度滴定，直至溶液蓝色刚好褪去为终点，记录样品消耗体积。

（四）样品提取液滴定

吸取碱性酒石酸铜甲、乙液各 5.0 mL 于 150 mL 锥形瓶中，加水 10 mL，加入玻璃珠数粒，从滴定管滴加比预测滴定少 1 mL 的样品溶液，在 2 min 内加热至沸腾，趁沸连续以 2 s 1 滴的速度滴定，以溶液蓝色刚好褪去为终点，记录样液消耗体积。

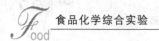

五、结果分析

样品中还原糖的含量按下式计算：

$$X=\frac{m_1\times V\times 100}{m\times V_1\times 1\,000}$$

式中：X—样品中还原糖含量（以葡萄糖计），g/100 g；

m_1—10 mL 碱性酒石酸铜混合液相当于葡萄糖的质量，mg；

m—样品的质量，g；

V—样品提取液体积，mL；

V_1—测定时消耗样品溶液的平均体积，mL。

六、方法说明及注意事项

(1)碱性酒石酸铜甲、乙液应分别贮存，使用前混合，否则酒石酸钾钠铜络合物在碱性条件下会分解析出氧化亚铜沉淀，使试剂有效浓度降低。

(2)该方法测定的还原糖的含量随反应条件变化而变化，测定过程中需保持相同的测定条件，如锥形瓶的规格、电炉的功率、加热温度、滴定速度等。

(3)滴定时瓶中溶液须保持沸腾状态，同时控制滴定速度，尽可能在短时间内滴定到终点。

(4)提取液中还原糖浓度过高时应稀释后进行测定，稀释倍数以稀释后的滴定体积与标准糖液消耗的体积相近为宜；提取液浓度低时可用提取液代替滴定时加的水。

思　考　题

1. 为什么要进行预滴定？为什么滴定过程中要保持沸腾状态？
2. 碱性酒石酸溶液中各组分的作用是什么？

实验二　蔗糖水解过程旋光度变化

一、实验目的

1. 掌握物质旋光度及比旋光度的定义及测定方法。
2. 了解蔗糖水解过程中旋光度的变化。
3. 了解旋光仪的基本原理及使用方法。

二、实验原理

旋光度指当平面偏振光通过含有某些光学活性的化合物液体或溶液时，能引起偏振光平面向左或向右旋转的程度，用 α 表示。使偏振光的平面向右旋转即按顺时针方向转动称为“右旋”用“+”表示；使偏振光的平面向左旋转即按逆时针方向转动称为“左旋”用“−”表示。

溶液的旋光度与溶液所含旋光物质的旋光能力、溶剂性质、溶液浓度、样品管长度及温度等均有关系。当其他条件固定时，旋光度与反应浓度呈线性关系。

$$\alpha = Kc$$

式中，K 为比例常数，与物质的旋光能力、溶剂性质、溶液浓度、光源、温度等因素有关。溶液的旋光度是各组分旋光度之和。

比旋光度用[α]表示，为单位浓度和单位长度下的旋光度，是旋光物质的特征物理常数。

$$[\alpha]_D^t = \frac{100 \times \alpha}{l \times c}$$

式中：[α]—比旋光度；

t—实验温度，℃；

D—钠灯光源 D 线的波长（即 589 nm）；

α—仪器测得的旋光度，(°)；

l—样品管的长度，cm；

c—浓度，g/100 mL。

蔗糖是由 α-D-葡萄糖和 β-D-果糖通过糖苷键结合的非还原糖。蔗糖水溶液在有 H^+ 存在下，发生水解反应生成葡萄糖与果糖。反应式为：

$$C_{12}H_{22}O_{11}(\text{蔗糖}) + H_2O \longrightarrow C_6H_{12}O_6(\text{葡萄糖}) + C_6H_{12}O_6(\text{果糖})$$

蔗糖是右旋的，比旋光度$[\alpha]_D^{20}$ 为+66.5，葡萄糖是右旋的，比旋光度$[\alpha]_D^{20}$ 为+52.2，果糖是左旋的，比旋光度$[\alpha]_D^{20}$ 为−92.4。在蔗糖水解过程中，生成物中果糖的左旋性比葡萄糖的右旋性大，生成物呈左旋性质，随着反应的不断进行，体系的右旋角不断减少，在某一瞬间，体系的旋光度为零。随后左旋角逐渐增加，直到蔗糖完全转化，体系左旋角达到最大，这种变化称为转化。蔗糖水解液因此被称为转化糖浆。

三、试剂、仪器和材料

（一）试剂

(1)蔗糖溶液(20%)：称取 20 g 蔗糖，用水溶解并转移至 100 mL 容量瓶，定容。

(2)盐酸溶液(4 mol/L)：量取 36 mL 浓盐酸，缓慢加入 64 mL 水中，混匀。

（二）仪器设备

(1)旋光仪。

(2)旋光管。

(3)电子天平。

(4)恒温水浴锅。

(5)其他：量筒、烧杯、容量瓶、三角瓶、温度计、计时器、滤纸、擦镜纸等。

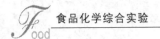

四、实验步骤

(一)恒温水浴准备

打开水浴锅，设置水浴温度为20℃，将实验用蒸馏水倒于大烧杯中，恒温10～15 min。

(二)旋光仪的校正

旋光管洗净，用恒温后的蒸馏水润洗旋光管两次，由加液口加入蒸馏水至满。用滤纸将管外的水吸干，旋光管两端的玻璃片用擦镜纸擦干净。将旋光管放入样品室中，盖上箱盖。打开示数开关，调节零位手轮，使旋光示值为零，按下"复测"键钮，旋光示值为零，重复上述操作3次，待示数稳定后，校正完成。

(三)旋光度测定

1. 样品旋光度的测定

将蔗糖溶液和盐酸溶液置于水浴锅中恒温10～15 min。取25 mL蔗糖溶液于100 mL烧杯中，加入25 mL盐酸溶液，迅速混匀，用混合好的溶液清洗旋光管两次后装满旋光管，旋紧螺丝盖帽，用滤纸将管外的溶液吸干。将旋光管放入样品室中，盖上箱盖。打开示数开关，开始测定旋光度，以开始时间为零点，每隔5 min记录一次读数α，测定30 min。

2. 最大旋光度的测定

取25 mL蔗糖溶液于100 mL烧杯中，加入25 mL盐酸溶液，混匀，在50℃水浴中加热30 min，取出后冷却到室温，测定旋光度α_{∞}。

五、结果分析

表2-1 实验数据记录表

测定温度________℃，蔗糖溶液浓度________g/100 mL，α_{∞}=________

时间/min	5	10	15	20	25	30
旋光度(α)/(°)						
比旋光度($[\alpha]_D^{20}$)						

$$[\alpha]_D^t = \frac{100 \times \alpha}{l \times c}$$

六、方法说明及注意事项

(1)装入液体时如果旋光管中有气泡，应先让气泡浮在凸颈处。每次进行测定时旋光管安放的位置和方向都应当保持一致。

(2)旋光度受温度影响很大，实验过程中应保持反应温度和环境温度恒定。

思 考 题

1. 蔗糖水解过程中旋光度增大还是减少？
2. 当温度升高时，旋光度增大还是减少？

实验三　果蔬中葡萄糖、果糖、蔗糖的组成

一、实验目的

1. 掌握果蔬中葡萄糖、果糖、蔗糖组成分析的方法。

2. 了解不同种类的果蔬中主要单糖和双糖的组成。

二、实验原理

单糖是指分子结构中含有 3～6 个碳原子的糖，是不能再水解的糖类，是构成各种二糖和多糖分子的基本单位。低聚糖是指含有 2～10 个糖苷键聚合而成的化合物，是一种新型功能性糖源。低聚糖集营养、保健、食疗于一体，广泛应用于食品、保健品、饮料、医药、饲料添加剂等领域。单体、低聚糖在果蔬食品中发挥重要作用，也是果蔬营养品质的评价指标之一。

样品中的果糖、葡萄糖、蔗糖等经提取后，利用高效液相色谱柱分离，用蒸发光散射检测器检测，外标法进行定量。

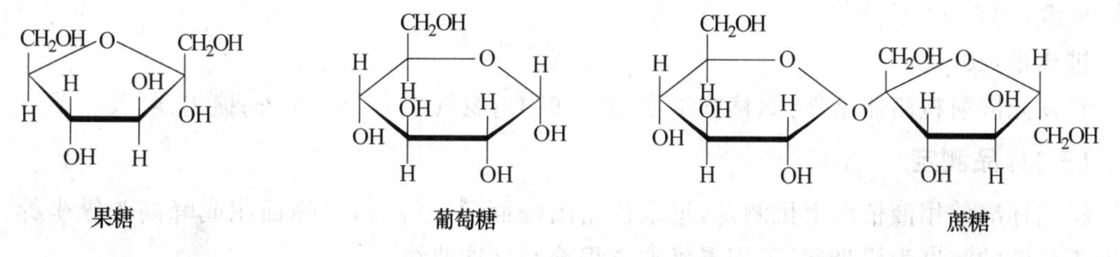

果糖　　葡萄糖　　蔗糖

三、试剂、仪器和材料

（一）试剂

（1）乙腈。

（2）石油醚。

（3）乙酸锌溶液：称取乙酸锌 21.9 g，加入冰乙酸 3 mL，加水溶解并稀释至 100 mL。

（4）亚铁氰化钾：称取 10.6 g 亚铁氰化钾，加水溶解并稀释至 100 mL。

（5）糖混合标准贮备液：分别称取 1 g（精确至 0.1 mg）经过（96±2）℃干燥 2 h 的果糖、葡萄糖、蔗糖标准品，于 50 mL 容量瓶中，加水定容至刻度，得到浓度为 20 mg/mL 的混标标准贮备液。

（6）糖混合标准工作溶液：分别取标准贮备液 0.50 mL、1.00 mL、2.00 mL、3.00 mL、5.00 mL 于 10 mL 容量瓶中，加水定容至刻度，得浓度分别为 1.0 mg/mL、2.0 mg/mL、4.0 mg/mL、6.0 mg/mL、10.0 mg/mL 的混标标准工作溶液。

（二）仪器设备

（1）高效液相色谱仪：配蒸发光散射检测器。

（2）电子天平。

（3）超声波提取仪。

（4）离心机：转速大于 4 000 r/min。

（5）其他：容量瓶、移液管、具塞离心管等。

(三)实验材料

苹果、西瓜、柑橘、洋葱等。

四、实验步骤

(一)样品前处理

样品用捣碎机粉碎或用研钵研碎。称取粉碎后的样品 0.5～10 g 于 100 mL 的容量瓶中，加入 50 mL 水溶解，缓慢加入乙酸锌溶液和亚铁氰化钾溶液各 5 mL，用水定容至刻度，摇匀，超声提取 30 min，用干燥滤纸过滤，弃去初滤液，后续滤液过 0.45 μm 微孔滤膜，作为待测样品溶液。同时，按相同操作做空白试验。

(二)仪器参考条件

色谱柱：氨基柱，柱长 250 mm，内径 4.6 mm，膜厚 5 μm，或同等性能色谱柱。

流动相：乙腈＋水＝70＋30。

流速：1.0 mL/min。

柱温：40℃。

进样量：20 μL。

蒸发光散射检测器条件：飘移管温度，80～90℃；氮气压力，350 kPa；撞击器，关。

(三)样品测定

将糖标准使用液依次上机测定，记录色谱图峰面积或峰高，以峰面积或峰高为纵坐标，以标准工作液的浓度为横坐标，采用幂函数方程绘制标准曲线。

将样品提取液注入高效液相色谱仪中，记录峰面积或峰高，从标准曲线中查得试样溶液中糖的浓度。

五、结果分析

表 2-2 实验数据记录表

样品质量： 定容体积： 稀释倍数：

峰高或峰面积	果糖	葡萄糖	蔗糖
标准浓度 1			
标准浓度 2			
标准浓度 3			
标准浓度 4			
标准浓度 5			
线性方程			
空白提取液浓度/(mg/mL)			
样品空白/(g/100 g)			
样品提取液浓度/(mg/mL)			
样品含量/(g/100 g)			

$$X=\frac{(c-c_0)\times V\times f}{m\times 1\ 000}\times 100$$

式中：X—样品中某种糖的含量，g/100 g；

c—样品提取液中某种糖的浓度，mg/mL；

c_0—样品空白中某种糖的浓度，mg/mL；

V—样品定容体积，mL；

f—样品稀释倍数；

m—样品的称样量，g。

六、方法说明及注意事项

（1）称样量根据样品的含糖量不同调整，通常含糖量≤5%时称取 10 g；含糖量 5%～10%时称取 5 g；含糖量 10%～40%时称取 2 g；含糖量≥40%时称取 0.5 g。

（2）脂肪大于 10%的样品，需先用石油醚去除大部分脂肪后再进行提取。

思　考　题

1. 样品中哪类糖含量高？
2. 乙酸锌和亚铁氰化钾的作用是什么？

实验四　大豆中低聚糖组成分析

一、实验目的

1. 掌握大豆中低聚糖的组成及含量测定方法。
2. 了解高效液相色谱仪的基本操作。

二、实验原理

低聚糖又称寡糖，是由 2～10 个单糖通过糖苷键连接形成的直链或支链的化合物，普遍存在于自然界中，可溶于水，其中主要是二糖和三糖。大豆中的低聚糖是大豆中可溶性糖质的总称。主要成分是蔗糖（双糖）、棉籽糖（三糖）和水苏糖（四糖）等。

大豆低聚糖用 80%乙醇提取后，过 0.45 μm 滤膜，除去小分子的杂质，样品中的低聚糖经反相色谱柱分离，利用示差检测器检测，根据各组分色谱峰保留时间定性，峰面积或峰高定量，各组分含量之和为大豆低聚糖的含量。

三、试剂、仪器和材料

（一）试剂

（1）乙腈，色谱纯。

（2）乙醇溶液（80%）。

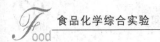

(3)低聚糖混合标准贮备液(10 mg/mL):分别称取蔗糖、棉籽糖、水苏糖标准品 1 g(精确到 0.000 1 g)于 100 mL 容量瓶中,用 80%乙醇溶液溶解,摇匀,并定容至刻度。用 0.45 μm 滤膜过滤,供高效液相色谱分析用。

(4)低聚糖混合标准工作液:准确吸取标准贮备液 1 mL、2 mL、3 mL、4 mL、5 mL 于 10 mL 容量瓶中,用水定容,配成浓度分别为 1 mg/mL、2 mg/mL、3 mg/mL、4 mg/mL、5 mg/mL 混合标准工作液。

(二)仪器设备

(1)电子天平。

(2)高效液相色谱仪,配示差折光检测器。

(3)旋转蒸发仪。

(4)离心机。

(5)其他:容量瓶、量筒、具塞试管、离心管、旋转蒸发瓶等。

(三)实验材料

大豆或脱脂豆粉。

四、实验步骤

(一)试样处理

大豆粉碎后过 40 目筛,用石油醚脱去脂肪后,烘干。

(二)低聚糖提取

称取 1 g 脱脂后的豆粉加入 20 mL 具塞试管中,加入 10 mL 80%乙醇,70℃水浴中保温 1 h,冷却至室温后,转移至离心管中 5 000 r/min 离心 10 min,上清液转移至旋转蒸发瓶中。下层沉淀中加入 10 mL 提取液,重复提取一次,合并上清液,旋转蒸发浓缩至干,加入 2 mL 80%乙腈复溶,上清液经 0.45 μm 滤膜过滤,待高效液相色谱仪分析。

(三)低聚糖组成分析

1. 仪器参考条件

流动相:乙腈+水(80+20);流速:1.0 mL/min;色谱柱温度:30℃;检测器温度:30℃;进样量:10 μL。

2. 校准曲线的绘制

分别取 10 μL 混合标准工作液,注入高效液相色谱仪中,进行分析,测定各组分的色谱峰面积(或峰高),以标准糖质量为横坐标,相应组分的峰面积(或峰高)为纵坐标绘制校准曲线。

3. 样品测定

在相同的色谱分析条件下,取 10 μL 样品溶液注入高效液相色谱仪分析,以保留时间定性,以各组分色谱面积(或峰高)与标准曲线比较确定测定溶液中低聚糖组分的质量(mg)。

五、结果分析

表 2-3　实验数据记录表

样品质量：　　　　　　　　　　定容体积：　　　　　　　　　　稀释倍数：

项目	蔗糖	棉籽糖	水苏糖
标准浓度 1			
标准浓度 2			
标准浓度 3			
标准浓度 4			
标准浓度 5			
线性方程			
样品中组分含量/mg			
各样品含量/(g/100 g)			
大豆低聚糖含量/(g/100 g)			

$$X=\frac{\sum m_i \times V \times f \times 1\ 000}{m \times V_1 \times 1\ 000} \times 100$$

式中：X—样品大豆低聚糖的含量，g/100 g；

m_i—样品溶液中各组分的质量，mg；

V—样品定容体积，mL；

V_1—样品进样体积，μL；

f—样品稀释倍数；

m—样品的质量，g。

六、方法说明及注意事项

(1)样品提取液需过微孔滤膜，除去小颗粒杂质。

(2)利用示差检测器检测时，温度控制较为严格，应保证色谱柱和检测器的温度恒定。

思　考　题

1. 大豆低聚糖中哪种糖含量高，所占比例大概是多少？
2. 为什么不能使用梯度洗脱程序测定大豆低聚糖？

实验五　马铃薯品种对淀粉含量的影响

一、实验目的

1. 掌握旋光法测定淀粉含量的原理与操作方法。
2. 了解不同品种马铃薯中淀粉含量的差异。

二、实验原理

淀粉分子是以葡萄糖为基本组成单位的，葡萄糖残基在淀粉分子上有两种不同的结合形式，构成直链淀粉和支链淀粉，天然淀粉粒中一般同时含有直链淀粉和支链淀粉两种不同的分子。淀粉含量的高低是评价马铃薯品质的重要指标之一。测定马铃薯淀粉含量的方法较多，其中旋光法所用仪器简单，试剂种类少，操作简便、快速，重现性好，应用较为广泛。

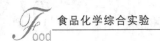

淀粉具有旋光性，在一定条件下旋光度的大小与淀粉的浓度成正比。用氯化钙溶液提取淀粉，使之与其他成分分离，用氯化锡沉淀提取液中的蛋白质后，测定旋光度，即可计算出淀粉含量。

三、试剂、仪器和材料

（一）试剂

（1）氯化钙溶液：称取氯化钙（$CaCl_2 \cdot 2H_2O$）500 g，溶于 600 mL 水中，冷却后过滤。上清液在 20℃条件下用比重计调整溶液相对密度为 1.30±0.02 后，再用冰乙酸调 pH 为 2.3～2.5。

（2）硫酸锌溶液（30%）：称取 30 g 硫酸锌（$ZnSO_4 \cdot 7H_2O$），用水溶解并稀释至 100 mL。

（3）亚铁氰化钾溶液（15%）：称取 15 g 亚铁氰化钾[$K_4Fe(CN)_6 \cdot 3H_2O$]，用水溶解并稀释至 100 mL。

（4）辛醇。

（二）仪器设备

（1）旋光仪（附钠光灯）。

（2）电子天平。

（3）可调温电炉。

（4）波美比重计。

（5）酸度计。

（6）其他：容量瓶、锥形瓶、烧杯、量筒、表面皿、漏斗等。

（三）实验材料

马铃薯（不同品种）。

四、实验步骤

（一）样品处理

将马铃薯样品切片，在 60～65℃下烘干，粉碎，过 60 目筛。

（二）水解时间对旋光度的影响

分别称取 2.5 g 同一品种马铃薯样品，置于 4 个 250 mL 锥形瓶中，加入 2 mL 无水乙醇浸润样品，使其快速分散，再沿壁加入 60 mL 氯化钙溶液，轻轻晃动溶液，防止结块粘底，再加入 2 mL 正辛醇。盖上表面皿，在 5 min 内加热至沸腾，开始计时，分别加热 15 min、20 min、25 min、30 min 后取出。加热时随时搅拌以防样品附在壁上。加热结束后，将锥形瓶取出，迅速冷却至室温。

将水解液全部转入 100 mL 容量瓶中，用 30 mL 蒸馏水少量多次冲洗锥形瓶，洗液并入容量瓶中。加 1 mL 硫酸锌溶液，摇匀，再加 1 mL 亚铁氰化钾溶液，充分摇匀以沉淀蛋白质。若有泡沫，可加几滴辛醇消除。用蒸馏水定容、过滤，弃去 10～15 mL 初滤液，滤液供测定。

(三)测定

测定前用空白液，即(氯化钙溶液＋蒸馏水＝6＋4)调整旋光仪零点，再将滤液装满旋光管，在(20±1)℃下进行旋光度测定，取两次读数平均值。比较不同水解时间旋光值的变化，取旋光值最大的水解时间进行不同品种马铃薯样品的测定。

(四)不同品种马铃薯淀粉含量

分别称取不同品种马铃薯样品 2.5 g，置于 250 mL 锥形瓶中，按上述优化的水解时间进行水解、测定，记录旋光度，计算不同品种马铃薯中淀粉含量。

五、结果分析

$$X=\frac{\alpha \times V}{L \times m \times 203}\times 100$$

式中：X—样品中淀粉含量，g/100 g；

α—旋光度读数，(°)；

V—样品定容体积，mL；

L—观测管长度，dm；

m—样品的质量，g；

203—淀粉的比旋光度，(°)。

六、方法说明及注意事项

(1)加入辛醇的目的是减少泡沫的产生，一般滴加 1～2 滴即可。

(2)配制氯化钙溶液时，相对密度变动范围在 1.3±0.02。

(3)淀粉溶液加热后，必须迅速冷却，以防止淀粉老化，形成高度晶化的不溶性淀粉分子微束。

(4)淀粉的比旋光一般按 203°计，不同来源的淀粉略有不同，如玉米、小麦淀粉为 203°，豆类淀粉为 200°。

思　考　题

1. 旋光法测定淀粉含量与其他方法相比有何优缺点？

2. 为什么用氯化钙作为提取剂？

实验六　淀粉糊化温度的测定

一、实验目的

1. 掌握糊化温度的定义和测定方法。

2. 理解偏光十字法测定淀粉糊化温度的原理及操作。

二、实验原理

生淀粉靠分子间氢键结合排列紧密，主要以放射状微晶束形式存在。当淀粉在水溶液中加热时，水分子进入淀粉分子内部，并与其结合，胶束逐渐被溶解，直至全部崩溃，形成淀粉分子，并被水包围，成为溶液状态，这种现象称为淀粉的糊化。

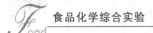

淀粉发生糊化现象的温度称为糊化温度，其中颗粒较大的淀粉容易在较低的温度下先糊化，这个温度为糊化开始温度，待所有淀粉颗粒全部被糊化时所需的温度为糊化完成温度。因此，糊化温度不是指某一个确定的温度，而是指从糊化开始温度到完成温度的一定的范围。

在偏光显微镜下淀粉颗粒具有双折射性，呈现偏光十字。淀粉糊化后，颗粒的结晶结构消失，分子变成无定形排列时，偏光十字也随之消失，根据这种变化能测定糊化温度。

三、试剂、仪器和材料

（一）试剂

（1）淀粉溶液：称取 0.05～0.1 g 淀粉于 100 mL 烧杯中，加入 50 mL 水，搅拌均匀。

（2）矿物油。

（二）仪器设备

（1）电子天平。

（2）热台显微镜（由一台偏光显微镜和一个电加热台组成）。

（3）其他：载玻片、盖玻片、烧杯、滴管、擦镜纸等。

（三）实验材料

马铃薯淀粉、玉米淀粉、绿豆淀粉等。

四、实验步骤

（一）样品玻片制作

取一滴混匀的淀粉溶液，置于载玻片上，放上盖玻片，置于电加热台。

（二）糊化温度的测定

调节电加热台的加热功率，使温度以约 2℃/min 的速度上升，观察淀粉颗粒偏光十字的变化情况。淀粉乳温度升高到一定温度时，有的颗粒偏光十字开始消失，便是糊化开始温度，记录淀粉开始糊化的温度。

随着温度的升高，更多个颗粒的偏光十字消失，当约 98% 颗粒偏光十字消失时即为糊化完成温度，记录糊化完成的时间。

五、结果分析

表 2-4　实验数据记录表

时间/min	玉米淀粉	马铃薯淀粉	绿豆淀粉
开始糊化时间			
糊化完成时间			

六、方法说明及注意事项

(1)淀粉乳液的浓度应适中，淀粉颗粒太少没有统计学意义，样品没有足够的代表性；淀粉颗粒太多则不利于观察计数。乳液的浓度应使一滴淀粉乳液中含100～200个淀粉颗粒为宜。

(2)取少量样品夹在两盖玻片之间，防止高温时样品流到加热台上。

思　考　题

1. 比较不同来源淀粉糊化温度的差异。
2. 影响淀粉糊化温度的因素有哪些？

实验七　大米中直链淀粉含量的测定

一、实验目的

1. 掌握直链淀粉含量的测定原理及测定方法。
2. 掌握紫外可见分光光度计的操作。

二、实验原理

除了糯性谷物(如糯米)以外，一般淀粉中均存在着直链淀粉和支链淀粉两种组分。直链淀粉中的葡萄糖单元是以α-1,4糖苷键连接成的直链状结构。支链淀粉中的葡萄糖单元除了α-1,4糖苷键外，在分支处则以α-1,6糖苷键连接。直链淀粉和支链淀粉含量和比例因植物种类的不同而不同。

直链淀粉不溶于常温水，能溶于热水，与碘能生成稳定的络合物，呈蓝色。支链淀粉只能在加热并加压条件下才能溶解于水，与碘不能形成稳定的络合物，呈现紫红色。应用这个原理，配制已知含量的直链淀粉和支链淀粉的混合物，测定此混合物在720 nm波长处的吸光度值，绘制标准曲线，即可测得样品中的直链淀粉和支链淀粉的百分含量。

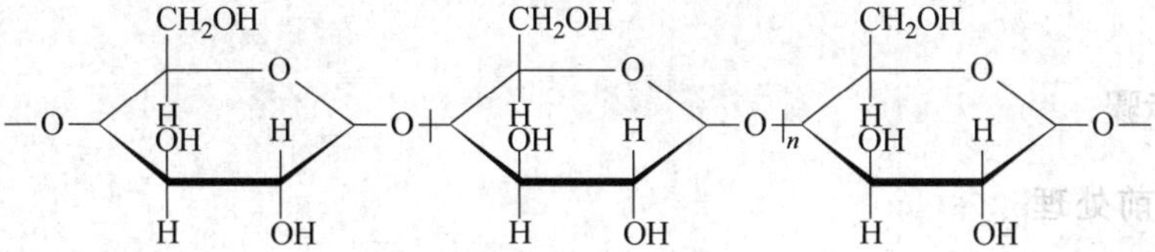

直链淀粉分子结构

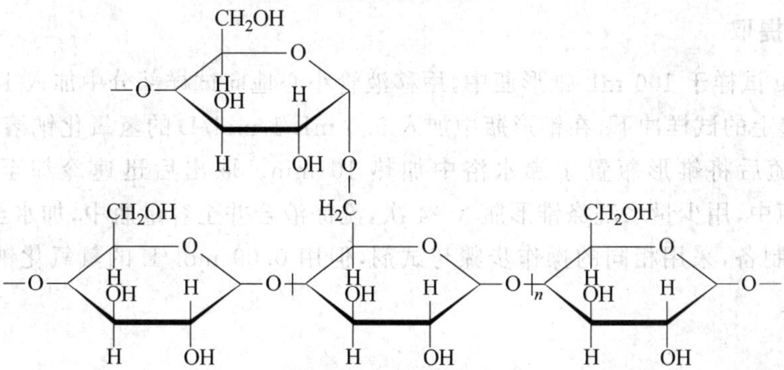

支链淀粉分子结构

三、试剂、仪器和材料

(一)试剂

(1)95%的乙醇。

(2)氢氧化钠溶液(1 mol/L):称取 40 g 氢氧化钠,用水溶解并稀释至 1 000 mL。

(3)氢氧化钠(0.09 mol/L):取 9 mL 1 mol/L 氢氧化钠溶液,用水稀释至 100 mL。

(4)乙酸溶液(1 mol/L):移取 57.3 mL 冰乙酸,用水稀释至 1 000 mL。

(5)碘试剂:称取 2 g 碘化钾(准确至±0.005 g),加适量的水以形成饱和溶液,加入 0.2 g 碘(准确至±0.001 g),碘全部溶解后将溶液转移至 100 mL 容量瓶中,加水至刻度,摇匀。每天用前现配,避光保存。

(6)直链淀粉标准溶液(1 mg/mL):称取 100 mg 直链淀粉(准确至±0.5 mg)于 100 mL 锥形瓶中,加入 1.0 mL 95%乙醇湿润样品,再加入 1 mol/L 的氢氧化钠溶液 9.0 mL,轻轻摇动使淀粉完全分散开,于沸水浴中加热 10 min,冷却后转移至 100 mL 容量瓶中,用 70 mL 水分数次洗涤锥形瓶,洗涤液一并移入容量瓶中,加水至刻度,剧烈摇匀。

(7)支链淀粉标准溶液(1 mg/mL):称取 100 mg 支链淀粉(准确至±0.5 mg)于 100 mL 锥形瓶中,加入 1.0 mL 95%乙醇湿润样品,再加入 1 mol/L 的氢氧化钠溶液 9.0 mL,轻轻摇动使淀粉完全分散开,于沸水浴中分散 10 min,冷却后转移至 100 mL 容量瓶中,用 70 mL 水分数次洗涤锥形瓶,洗涤液一并移入容量瓶中,加水至刻度,剧烈摇匀。

(二)仪器设备

(1)紫外可见分光光度计。

(2)恒温水浴锅。

(3)粉碎机。

(4)其他:容量瓶、具塞比色管、移液管、锥形瓶等。

(三)实验材料

大米。

四、实验步骤

(一)样品前处理

将样品用粉碎机粉碎,过 60 目筛。

(二)样品提取

称取 0.1 g 试样于 100 mL 锥形瓶中,用移液管小心地向试样部分中加入 1.0 mL 95%乙醇,将粘在瓶壁上的试样冲下,在锥形瓶中加入 9.0 mL 1 mol/L 的氢氧化钠溶液,轻轻摇动,使样品分散,随后将锥形瓶置于沸水浴中加热 10 min。取出后迅速冷却至室温,转移至 100 mL 容量瓶中,用少量水洗涤锥形瓶 3～4 次,洗涤液合并至容量瓶中,加水至刻度,摇匀。

空白溶液制备,采用相同的操作步骤与试剂,但用 0.09 mol/L 的氢氧化钠溶液 5.0 mL 代替试样溶液。

(三)标准曲线绘制

1. 标准溶液的配制

按照表 2-5 将一定体积的直链淀粉、支链淀粉标准溶液及 0.09 mol/L 的氢氧化钠溶液移入 50 mL 具塞比色管中,混匀。

表 2-5　标准溶液的配制表

大米直链淀粉含量(干基)/%	混合液组成/mL		
	直链淀粉	支链淀粉	0.09 mol/L 氢氧化钠
0	0	18	2
10	2	16	2
20	4	14	2
25	5	13	2
30	6	12	2
35	7	11	2

注:上述数据是在平均淀粉含量为 90%的淀粉干基基础上计算所得。

2. 标准曲线的配制

取 6 个 50 mL 容量瓶,分别加入 25 mL 水,准确吸取上述标准系列溶液 2.5 mL 加入容量瓶中,加 1 mol/L 乙酸溶液 0.5 mL,摇匀,再加入 1.0 mL 碘试剂,用水定容,摇匀,静置 20 min。

3. 标准曲线的测定

用试样空白溶液调零,在 720 nm 处测定吸光度值。以直链淀粉含量为横坐标,吸光度值为纵坐标,绘制标准曲线。直链淀粉以干基质量的百分率表示。

(四)样品测定

准确吸取 2.5 mL 样品溶液于预先加入 25 mL 水的容量瓶中,加 1 mol/L 乙酸溶液 0.5 mL,摇匀,再加入 1.0 mL 碘试剂,用水定容,摇匀,静置 20 min 后,在 720 nm 处测定吸光度值。

五、结果分析

表 2-6　实验结果记录表

直链淀粉含量/%	0	10	20	25	30	35
吸光度(A)						
线性方程			相关系数 r			
样品质量/mg			样品直链淀粉含量/%			

六、方法说明及注意事项

(1)本方法适合于淀粉含量高于 5%的谷物中直链淀粉的测定。脂肪含量高的样品事先用石油醚或乙醚脱脂后进行测定。

(2)支链淀粉对试样中碘-直链淀粉复合物有影响,利用马铃薯淀粉和支链淀粉的混合物做校准曲线,从曲线中直接读出样品中直链淀粉的含量。因此,样品的称样量应严格按本方法规定的准确度范围称取。

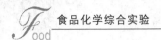

(3)检测波长设定在720 nm可使支链淀粉的干扰作用减少到最小。

思 考 题

1. 直链淀粉和支链淀粉的结构特点有何异同?
2. 直链淀粉和支链淀粉性质上有哪些差别?

实验八 淀粉糖浆的制备及其葡萄糖当量

一、实验目的

1. 掌握酶法制备淀粉糖浆的基本原理。
2. 掌握淀粉糖浆中葡萄糖值的测定方法。

二、实验原理

淀粉糖浆是指淀粉的不完全水解产物,主要成分为葡萄糖、糊精、低聚糖等。

葡萄糖当量(DE值),也称葡萄糖值,指糖浆中以葡萄糖计的还原糖含量占总糖中干物质的百分率。DE值因水解程度和生产工艺不同而不同,据此可将淀粉糖浆分为低、中、高转化糖3种。转化糖贮藏性好,无晶体析出,在食品加工中应用较为广泛。

将淀粉加热糊化后,用α-淀粉酶作用于α-1,4糖苷键,将淀粉水解为小分子糊精、低聚糖和葡萄糖,再用糖化酶酶解将糊精、低聚糖中的α-1,6糖苷键和α-1,4糖苷键切断,生成葡萄糖。用莱恩-爱农滴定法测定淀粉糖浆中还原糖的含量,用阿贝折光仪测定淀粉糖浆中干物质的含量,计算淀粉糖浆的DE值。

表2-7至表2-9为玉米糖浆(双转化法)DE值。

三、试剂、仪器和材料

(一)试剂

(1)液化型α-淀粉酶:比活力不低于6 000 U/g。

(2)糖化酶:比活力为4万~5万U/g。

(3)菲林试剂A:称取五水合硫酸铜34.7 g加水溶解并稀释至500 mL。

(4)菲林试剂B:称取四水合酒石酸钾钠173.0 g和50 g氢氧化钠,加水溶解并稀释至500 mL。

(5)菲林试剂混合溶液:量取100 mL菲林试剂A和100 mL菲林试剂B,混匀,现用现配。

(6)葡萄糖标准溶液(2 g/L):称取于(100±2)℃烘干至恒重的无水葡萄糖0.2 g(精确至0.000 1 g),用水溶解,转移至100 mL的容量瓶中,定容,摇匀。

(7)亚甲基蓝指示剂(10 g/L):称取1.0 g亚甲基蓝,用水溶解并稀释至100 mL。

(8)盐酸溶液(2%):吸取2 mL浓盐酸,用水稀释至100 mL。

(9)氯化钙溶液(50 g/L):称取5 g氯化钙,用水溶解并稀释至100 mL。

(二)仪器设备

(1)电子天平。

(2)恒温水浴锅。

(3)阿贝折射仪。

(4)可控温电炉。

(5)其他:锥形瓶、烧杯、量筒、容量瓶、滴定管、移液管等。

(三)实验材料

玉米淀粉、木薯淀粉等。

四、实验步骤

(一)淀粉糖浆的制备

1. 淀粉糊化

称取 5 g 淀粉置于 150 mL 锥形瓶中,加水 50 mL,搅拌均匀,配成淀粉浆,于 95℃水浴中加热,并不断搅拌,使淀粉浆由开始糊化直到完全成糊,呈透明状。

2. α-淀粉酶酶解

将淀粉糊冷却到 80℃以下,用盐酸溶液调 pH 在 5.5~7.5 之间,加入 0.2 mL 氯化钙溶液,称取 α-淀粉酶 5 mg,用 5 mL 蒸馏水溶解后,加入淀粉糊中,将锥形瓶放置在 80℃水浴锅中,搅拌 20 min 使其液化。液化结束后将锥形瓶移至电炉上加热至沸,灭酶 2 min,冷却后,过滤。

3. 糖化酶酶解

滤液冷却至 55℃以下,用盐酸溶液调 pH 至 4.5 左右,加入 10 mg 糖化酶,于 65℃恒温水浴中糖化 60 min。反应完成后,将锥形瓶转移至电炉上加热至沸腾,灭酶 2 min,得到淀粉糖浆。

(二)DE 值的测定

1. 菲林试剂的标定

在 50 mL 滴定管中加入葡萄糖标准溶液。吸取菲林试剂混合溶液 10 mL 置于 150 mL 锥形瓶中,加入 20 mL 水,3 粒玻璃珠,从滴定管加入约 24 mL 葡萄糖标准溶液,摇匀。将锥形瓶放置在电炉上,控制在 2 min 内加热至沸,保持微沸状态,加 2 滴亚甲基蓝指示剂,以 1 滴/2 s 的速度继续滴加葡萄糖标准溶液,直至溶液蓝色刚好褪去为终点,记录消耗葡萄糖标准溶液的体积。

正式滴定时,预先加入比预滴定少 1 mL 的葡萄糖标准溶液,操作过程同预滴定,重复测定 2 次,记录消耗葡萄糖标准溶液的体积。

2. 样品还原糖的测定

(1)样液的制备:称取 2~5 g 制备好的淀粉糖浆,精确至 0.000 1 g,取样量以每 100 mL 样液中含有还原糖量 125~200 mg 为宜。置于 50 mL 小烧杯中,加热水溶解后全部移入 250 mL 容量瓶中,冷却至室温。加水稀释至刻度,摇匀备用。

(2)样品预滴定:吸取菲林试剂混合溶液 10 mL 于 150 mL 锥形瓶中,加入 20 mL 水,3 粒玻璃珠,将锥形瓶放置在电炉上,控制在 2 min 内沸腾,并保持微沸,加入 2 滴亚甲基蓝指示剂,以先快后慢的速度,从滴定管中滴加样品溶液,待溶液颜色变浅时,以 1 滴/2 s 的速度滴定,直至溶液蓝色刚好褪去为终点,记录样液消耗体积。

(3)样品滴定:吸取菲林试剂混合溶液 10 mL 置于 150 mL 锥形瓶中,加入 20 mL 水,3 粒玻璃珠。从滴定管加入比预滴定少1～2 mL的样液于锥形瓶中，加热，控制在2 min内沸腾，加2滴亚甲基蓝指示剂，以每1滴/2 s的速度滴定，直至溶液蓝色刚好褪去为终点，记录样液消耗体积。

(三)干物质的测定

1. 仪器校准

在20℃时，以重蒸水校正折射仪的折光率为1.333 0，相当于干物质(固形物)含量为零。

2. 样品测定

将折射仪放置在光线充足的位置，与恒温水浴连接，将折射仪棱镜的温度调节至20℃，打开棱镜，用玻璃棒滴加1～3滴样品于固定的棱镜面上，闭合棱镜停留几分钟，使样品达到棱镜的温度，调节棱镜的螺旋直至视场分为明暗两部分，转动补偿器旋钮，消除虹彩并使明暗分界线清晰，继续调节螺旋使明暗分界线对准在十字线上，从标尺上读取折光率，重复测定一次，取平均值，通过查干物质与折光率关系表，得出样品干物质的含量。

五、结果分析

$$\mathrm{RP}=\frac{m\times V_1}{V}$$

式中：RP—菲林溶液A、B各5 mL相当于葡萄糖的质量，g；

m—称取基准无水葡萄糖的质量，g；

V_1—消耗葡萄糖标准溶液的总体积，mL；

V—配制葡萄糖标准溶液的总体积，mL。

$$\mathrm{DE}=\frac{\mathrm{RP}\times V_2}{m_1\times \mathrm{DMC}\times V_3}\times 100$$

式中：DE—样品葡萄糖当量值(样品中还原糖占干物质的百分数)，g/100 g；

m_1—称取样品的质量，g；

V_2—样品溶液总体积，mL；

V_3—滴定时消耗样液的体积，mL；

DMC—样品干物质(固形物)的含量，g/100 g。

六、方法说明及注意事项

(1)酶的活力和使用量影响反应的速度，加入酶时要冷却到合适的温度后再添加。

(2)电炉加热时要垫石棉网，防止锥形瓶受热不均而爆炸。

(3)样品消耗的体积应与标准葡萄糖消耗的体积相近，如果过低或过高需要降低或增减样液的浓度。

(4)折射仪测定样品时，在棱镜面上涂样的时间要迅速，一般不超过2 s。

思 考 题

1. 为什么在滴定过程中，溶液要保持沸腾？
2. 加入氯化钙溶液的目的是什么？
3. 干物质的含量还有哪些测定方法？

表 2-7　干物质与折光率关系表[玉米糖浆(双转化法)DE 值 32]

干物质/%	折光率				干物质/%	折光率			
	20℃	30℃	45℃	60℃		20℃	30℃	45℃	60℃
0	1.332 99	1.331 94	1.329 85	1.327 25	44	1.411 22	1.409 62	1.406 88	1.403 83
2	1.335 94	1.334 87	1.332 75	1.330 12	46	1.415 47	1.413 84	1.411 08	1.408 01
4	1.338 99	1.337 88	1.335 73	1.333 08	48	1.419 78	1.418 13	1.415 35	1.412 27
6	1.342 08	1.340 95	1.338 76	1.336 08	50	1.424 17	1.422 49	1.419 69	1.416 59
8	1.345 22	1.344 06	1.341 84	1.339 14	52	1.428 62	1.426 92	1.424 09	1.420 98
10	1.348 41	1.347 23	1.344 98	1.342 25	54	1.433 14	1.431 42	1.428 57	1.425 45
12	1.351 66	1.350 45	1.348 16	1.345 41	56	1.437 74	1.436 00	1.433 12	1.429 99
14	1.354 95	1.353 72	1.351 40	1.348 63	58	1.442 41	1.440 65	1.437 75	1.434 61
16	1.358 30	1.357 04	1.354 69	1.351 90	60	1.447 15	1.445 37	1.442 45	1.439 30
18	1.361 71	1.360 42	1.358 04	1.355 22	62	1.451 97	1.450 17	1.447 23	1.444 07
20	1.365 17	1.363 85	1.361 44	1.358 60	64	1.456 87	1.455 04	1.452 09	1.448 92
22	1.368 68	1.367 34	1.364 90	1.362 04	66	1.461 84	1.460 00	1.457 02	1.453 85
24	1.372 25	1.370 88	1.368 41	1.365 54	68	1.466 90	1.465 03	1.462 04	1.458 86
26	1.375 87	1.374 48	1.371 99	1.369 09	70	1.472 04	1.470 15	1.467 14	1.463 95
28	1.379 56	1.378 14	1.375 62	1.372 70	72	1.477 26	1.475 35	1.472 32	1.469 13
30	1.383 30	1.381 86	1.379 31	1.376 37	74	1.482 56	1.480 64	1.477 59	1.474 39
32	1.387 10	1.385 64	1.383 06	1.380 10	76	1.487 95	1.486 01	1.482 95	1.479 74
34	1.390 97	1.389 48	1.386 87	1.383 90	78	1.493 43	1.491 47	1.488 39	1.485 18
36	1.304 89	1.393 38	1.390 74	1.387 75	80	1.498 99	1.497 01	1.493 92	1.490 71
38	1.398 88	1.397 34	1.394 68	1.391 67	82	1.504 65	1.502 65	1.499 55	1.496 33
40	1.402 93	1.401 37	1.398 68	1.395 66	84	1.510 40	1.508 39	1.505 27	1.502 05
42	1.407 04	1.405 46	1.402 75	1.399 71					

表 2-8　干物质与折光率关系表[玉米糖浆(双转化法)DE 值 63]

干物质/%	折光率				干物质/%	折光率			
	20℃	30℃	45℃	60℃		20℃	30℃	45℃	60℃
0	1.332 99	1.331 94	1.329 85	1.327 25	44	1.409 00	1.407 40	1.404 67	1.401 63
2	1.335 89	1.334 81	1.332 69	1.330 06	46	1.413 09	1.411 46	1.408 71	1.405 65
4	1.338 87	1.337 77	1.335 61	1.332 96	48	1.417 23	1.415 58	1.412 81	1.409 74
6	1.341 90	1.340 77	1.338 58	1.335 90	50	1.421 44	1.419 77	1.416 97	1.413 89
8	1.344 98	1.343 82	1.341 60	1.338 90	52	1.425 71	1.424 02	1.421 20	1.418 10
10	1.348 10	1.346 91	1.344 66	1.341 94	54	1.430 04	1.428 33	1.425 49	1.422 38
12	1.351 27	1.350 06	1.347 77	1.345 03	56	1.434 44	1.432 71	1.429 85	1.426 73
14	1.354 49	1.353 25	1.350 93	1.348 16	58	1.438 90	1.437 15	1.434 27	1.431 14
16	1.357 75	1.356 49	1.354 14	1.351 35	60	1.443 43	1.441 66	1.438 76	1.435 62
18	1.361 07	1.359 78	1.357 40	1.354 59	62	1.448 03	1.446 24	1.443 32	1.440 17
20	1.364 44	1.363 12	1.360 72	1.357 88	64	1.452 70	1.450 88	1.447 94	1.444 79
22	1.367 85	1.366 51	1.364 08	1.361 22	66	1.457 43	1.455 60	1.452 64	1.449 48
24	1.371 32	1.369 96	1.367 49	1.364 62	68	1.462 24	1.460 39	1.457 41	1.454 25
26	1.374 84	1.373 45	1.370 96	1.368 07	70	1.467 12	1.465 25	1.462 25	1.459 08
28	1.378 42	1.377 00	1.374 48	1.371 57	72	1.472 07	1.470 18	1.467 17	1.464 00
30	1.382 04	1.380 61	1.378 06	1.375 13	74	1.477 10	1.475 19	1.472 16	1.468 98
32	1.385 73	1.384 26	1.381 60	1.378 74	76	1.482 20	1.480 27	1.477 23	1.474 05
34	1.389 46	1.387 98	1.385 38	1.382 41	78	1.487 38	1.485 43	1.482 38	1.479 19
36	1.393 26	1.391 75	1.389 12	1.386 14	80	1.492 63	1.490 67	1.487 60	1.484 42
38	1.397 11	1.395 57	1.392 92	1.389 92	82	1.497 97	1.495 99	1.492 91	1.489 72
40	1.401 01	1.399 46	1.396 78	1.393 76	84	1.503 38	1.501 39	1.498 30	1.495 11
42	1.404 98	1.403 40	1.400 70	1.397 67					

表 2-9 干物质与折光率关系表[玉米糖浆(双转化法)DE 值 70]

干物质/%	折光率				干物质/%	折光率			
	20℃	30℃	45℃	60℃		20℃	30℃	45℃	60℃
0	1.332 99	1.331 94	1.329 85	1.327 25	42	1.404 58	1.403 00	1.400 30	1.397 27
2	1.335 88	1.334 80	1.332 68	1.330 05	44	1.408 57	1.406 97	1.404 25	1.401 20
4	1.338 85	1.337 74	1.335 59	1.332 93	46	1.412 63	1.411 00	1.408 25	1.405 20
6	1.341 86	1.340 73	1.338 54	1.335 87	48	1.416 74	1.415 09	1.412 32	1.409 25
8	1.344 92	1.343 77	1.341 55	1.338 84	50	1.420 91	1.419 24	1.416 45	1.413 37
10	1.348 03	1.346 85	1.344 59	1.341 87	52	1.425 14	1.423 45	1.420 64	1.417 54
12	1.351 19	1.349 97	1.347 69	1.344 94	54	1.429 44	1.427 73	1.424 89	1.421 79
14	1.354 39	1.353 15	1.350 84	1.348 07	56	1.433 80	1.432 07	1.429 21	1.426 09
16	1.357 64	1.356 38	1.354 03	1.351 24	58	1.438 22	1.436 47	1.433 59	1.430 46
18	1.360 94	1.359 65	1.357 28	1.354 46	60	1.442 71	1.440 93	1.438 04	1.434 90
20	1.364 29	1.362 97	1.360 57	1.357 73	62	1.447 26	1.445 47	1.442 55	1.439 41
22	1.367 69	1.366 35	1.363 91	1.361 06	64	1.451 88	1.450 07	1.447 13	1.443 98
24	1.371 14	1.369 77	1.367 31	1.364 44	66	1.456 56	1.454 73	1.451 78	1.448 62
26	1.374 64	1.373 25	1.370 76	1.367 86	68	1.461 32	1.459 47	1.456 50	1.453 34
28	1.378 19	1.376 78	1.374 26	1.371 35	70	1.466 14	1.464 27	1.461 29	1.458 12
30	1.381 80	1.380 36	1.377 81	1.374 88	72	1.471 04	1.469 15	1.466 15	1.462 98
32	1.385 46	1.383 99	1.381 42	1.378 47	74	1.476 01	1.474 10	1.471 08	1.467 91
34	1.389 17	1.387 68	1.385 08	1.382 12	76	1.481 05	1.479 12	1.476 09	1.472 91
36	1.392 94	1.391 43	1.388 80	1.385 82	78	1.486 16	1.484 22	1.481 17	1.477 99
38	1.396 76	1.395 23	1.392 58	1.389 58	80	1.491 35	1.489 39	1.486 33	1.483 15
40	1.400 64	1.399 09	1.396 41	1.393 39	82	1.496 62	1.494 64	1.491 57	1.488 39

实验九　淀粉 α-化度的测定

一、实验目的

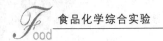

1. 掌握淀粉 α-化度测定的原理及方法。
2. 了解淀粉糊化对食品加工和人体消化吸收的作用。

二、实验原理

方便食品中的淀粉质原料需要预先进行熟化处理，糊化度的高低影响食品的复水时间和品质。未经糊化的淀粉分子，其结构呈现微晶束定向排列，这种淀粉结构状态称为 β 型结构；通过蒸煮或者挤压，达到糊化温度的时候，淀粉充分吸水膨胀，以致微晶束解体，排列混乱，这种淀粉结构状态叫 α 型结构。淀粉从 β 型转化成 α 型的程度叫淀粉的 α-化度，即糊化程度。

已糊化的淀粉，在淀粉酶的作用下，可水解成还原糖。α-化度越高，即糊化的淀粉越多，水解后生成的糖越多。

将样品充分糊化，经淀粉酶水解后，用碘量法测定生成的还原糖，以此作为标准，糊化程度定为 100%。然后另取样品，不糊化，用淀粉酶直接水解，用同样的方法测定还原糖，通过计算可求出被测样品的相对糊化程度，即样品的 α-化度。

碘量法反应式如下：

$$C_6H_{12}O_6+I_2+2NaOH \rightarrow C_6H_{12}O_7+2NaI+H_2O$$

$$I_2\text{(过量部分)}+2NaOH \rightarrow NaIO+NaI+H_2O$$

$$NaIO+NaI+2HCl \rightarrow 2NaCl+I_2+H_2O$$

$$I_2+2Na_2S_2O_3 \rightarrow 2NaI+Na_2S_4O_6$$

三、试剂、仪器和材料

(一)试剂

(1)淀粉酶(50 g/L)：称取淀粉酶 0.5 g(U≥3 000)，用水溶解并稀释至 100 mL，过滤。

(2)柠檬酸溶液：称取柠檬酸 20.01 g，用水溶解并稀释至 1 000 mL。

(3)柠檬酸三钠溶液：称取 29.41 g 柠檬酸三钠，用水溶解并稀释至 1 000 mL。

(4)pH 5.6 柠檬酸缓冲液：分别取柠檬酸溶液和柠檬酸三钠溶液，按体积比 1∶2 混合。

(5)碘标准溶液(0.1 mol/L)：称取碘 13 g 和碘化钾 35 g，先将碘化钾溶解于少量蒸馏水中，在不断搅拌下加入碘，使其全部溶解后，移入 1 000 mL 棕色容量瓶中，定容至刻度，摇匀，置避光处待用。

(6)硫酸溶液(10%)：量取 10 mL 硫酸加水稀释至 100 mL。

(7)盐酸溶液(1 mol/L)：量取 9 mL 盐酸用水稀释至 100 mL。

(8)氢氧化钠溶液(0.1 mol/L)：称取 4 g 氢氧化钠，加水搅拌至溶解，定容至 1 000 mL。

(二)仪器设备

(1)电子天平。

(2)组织捣碎机。

(3)水浴锅。

(4)可调电炉。

(5)其他:碘量瓶、具塞三角瓶、量筒、容量瓶、移液管、滴定管、漏斗、刻度试管等。

(三)实验材料

膨化玉米片、生玉米淀粉、速食绿豆粥、老化的粉丝、老化的米饭等。

四、实验步骤

(一)样品处理

样品粉碎,过 60 目筛。高脂肪含量样品,先将样品用石油醚去除大量的脂肪,粉碎后贮存备用。磨细的样品,以加水形成悬浊液,不析出沉淀最为理想。高水分含量的样品用组织捣碎机捣碎。

(二)样品提取

1. 称量

准确称取样品,干燥样品称取 1.00 g,水分含量高的样品称取 2～3 g,1 份置于 A1 三角瓶中,另一份样品置于 A2 三角瓶中,分别加入 50 mL 蒸馏水。另取 B 三角瓶,加入 40 mL 蒸馏水,做样品空白。

2. 糊化

把 A2 瓶放在电炉上微沸糊化 20 min,然后冷却至室温。

3. 酶解

在 A1、A2、B 中加入 50 mL 柠檬酸缓冲液,50℃恒温水浴中保持 5 min,使其恒温。再加入 2 mL 淀粉酶,摇匀后放入 50℃恒温水浴中保温 1 h,并不时摇动。

4. 定容

酶解结束后取出三角瓶,立即加入 1 mol/L 盐酸 4 mL 终止酶解,冷却至室温,用水定容至 100 mL,过滤,备用。

5. 测定

分别取各滤液 10 mL,置于 3 个 250 mL 碘量瓶中,准确加入 0.1 mol/L 碘液 10 mL 及 0.1 mol/L 氢氧化钠溶液 36 mL,盖严放置 15 min,然后迅速地加入 10%硫酸溶液 4 mL,加几滴淀粉指示剂,以 0.1 mol/L 的硫代硫酸钠溶液滴定至无色,记录所消耗的硫代硫酸钠的体积。

五、结果分析

$$X=\frac{V_0-V_2}{V_0-V_1}\times 100\%$$

式中:X—淀粉的 α-化度,%;

V_0—滴定空白溶液所消耗的硫代硫酸钠的体积,mL;

V_1—滴定糊化样品所消耗的硫代硫酸钠的体积,mL;

V_2—滴定未糊化的样品所消耗的硫代硫酸钠的体积,mL。

六、方法说明及注意事项

(1)为减少误差,各份样品质量的误差控制在±0.5%范围内。

(2)样品糊化必须完全,否则影响酶解。

(3)酶解过程中需不断摇动三角瓶,以使溶液受热均匀。

(4)加入硫酸后要迅速滴定,防止碘挥发。

思　考　题

1. 加入糖化酶的量、糖化时间、糖化温度对测定结果有什么影响?
2. 为什么要冷却到室温再加酶?
3. α-淀粉酶水解淀粉的产物是什么?
4. 膨化食品、老化淀粉和生淀粉的α-化度差异原因为何?
5. 若糊化不完全,酶解后的产物加入碘水之后颜色会有所差异,为什么?

二维码 2-1　淀粉α-化度的测定(视频)

实验十　天然果胶的提取

一、实验目的

1. 掌握从果皮中提取果胶的基本原理及方法。
2. 了解果胶的性质和在食品工业中的用途。

二、实验原理

果胶是多糖类化合物,其分子的主链是以α-1,4糖苷键连接而成的聚半乳糖醛酸,其中部分羧基被甲酯化,其余的羧基与钾、钠、钙离子结合成盐。在植物体中,尤其是在未成熟的水果和果皮中,果胶多数以原果胶的形式存在。原果胶不溶于水,在生产果胶时,原料用酸、碱或果胶酶处理,在一定条件下水解,生成可溶性的果胶,再进行脱色、沉淀、干燥后,得到商品果胶。

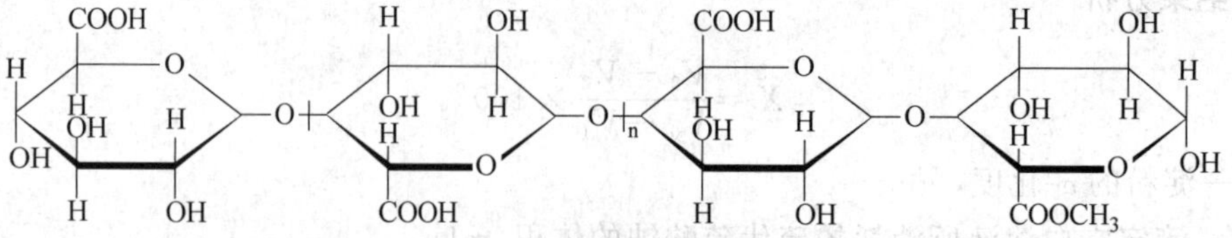

果胶分子的结构

三、试剂、仪器和材料

(一)试剂

(1)盐酸溶液(0.25%):吸取 2.5 mL 浓盐酸,用水稀释至 1 000 mL。

(2)95%乙醇。

(3)稀氨水(1+1):量取 100 mL 氨水,加入 100 mL 水,混匀。

(4)硅藻土。

(5)活性炭。

(二)仪器设备

(1)电子天平。

(2)电热鼓风干燥箱。

(3)恒温水浴锅。

(4)真空泵。

(5)其他:烧杯、量筒、滴管、布氏漏斗、抽滤瓶、纱布或尼龙布等。

(三)实验材料

新鲜柠檬皮、柑橘皮、柚子皮、苹果渣等。

四、实验步骤

(一)预处理

称取鲜果皮 20 g,用清水清洗干净,放入 250 mL 烧杯中,加入 120 mL 水,加热至 90℃,保持 5~10 min,使酶失活。用水冲洗后将果皮切成 3~5 mm 大小的颗粒,用 50℃左右的水漂洗,直至水为无色、果皮无异味为止。每次漂洗必须把果皮用尼龙布(或四层纱布)挤干,再进行下一次漂洗。

(二)酸水解

将预处理过的果皮粒放入烧杯中,加入盐酸溶液 60 mL,浸没果皮。pH 调整在 2.0~2.5 之间,90℃水解 45 min,其间不时搅动,趁热用垫有尼龙布或四层纱布的布氏漏斗抽滤,收集滤液。

(三)脱色

在滤液中加入 0.5%~1.0%的活性炭,于 80℃加热 20 min,进行脱色和除异味,趁热抽滤,如抽滤困难可加入 2%~4%的硅藻土作助滤剂。如果提取液清澈透明,则不用脱色。

(四)沉淀

提取液冷却后,用氨水溶液调节 pH 为 3~4,在不断搅拌下加入 95%乙醇,加入乙醇的量约为原体积的 1.5 倍,使乙醇浓度达 50%~60%,乙醇加入过程中即可看到絮状果胶物质析出,静置 10 min。

(五)过滤、洗涤、烘干

用尼龙布过滤、用 95%乙醇洗涤果胶 2 次,挤压尼龙布。将果胶转移至表面皿中摊开,在

60～70℃烘干至恒重。烘干后即为果胶质量，可计算试样中果胶的含量。

五、结果分析

$$X=\frac{m_1\times 1\,000}{m}$$

式中：X—样品中果胶的含量，g/kg；

m—样品的质量，g；

m_1—恒重后果胶的质量，g。

六、方法说明及注意事项

(1)柠檬皮制备得到的果胶最易分离、质量好。预处理洗涤果皮时需拧干后再进行下次漂洗。

(2)在利用乙醇沉淀时，乙醇的量一定要足够，以免影响沉淀效果。

思 考 题

1. 为什么对原料进行预处理？
2. 沉淀果胶除用乙醇外，还可以用哪些试剂？

实验十一　果蔬中果胶的含量测定

一、实验目的

1. 掌握果蔬中果胶的提取原理。
2. 掌握果胶含量的测定方法。

二、实验原理

天然果胶类物质以原果胶、果胶、果胶酸的形态存在于植物的果实、根、茎、叶中，是细胞壁中的重要成分。在果蔬中，尤其是在未成熟的水果和果皮中，果胶多数以原果胶存在，原果胶不溶于水，在酸、碱或果胶酶的作用下可以水解，生成可溶性的果胶。

用无水乙醇沉淀试样中的果胶，果胶经水解后生成半乳糖醛酸，再与咔唑试剂发生反应，生成紫红色化合物，该化合物在 525 nm 处有最大吸收，其吸光值与果胶含量成正比，以半乳糖醛酸为标准物质，标准曲线法定量。

（半乳糖醛酸 + 咔唑 $\xrightarrow{H_2SO_4}$ 产物 $+ H_2O$，反应式结构图）

三、试剂、仪器和材料

(一)试剂

(1)无水乙醇。

(2)浓硫酸。

(3)乙醇溶液：无水乙醇＋水＝2＋1。

(4)硫酸溶液(pH 0.5)：用硫酸调节水的 pH 至 0.5。

(5)α-萘酚(50 g/L)：称取 α-萘酚 5 g，用无水乙醇溶解并稀释至 100 mL。

(6)氢氧化钠溶液(1 mol/L)：称取 4 g 氢氧化钠，用水溶解并稀释至 100 mL。

(7)咔唑乙醇溶液(1 g/L)：称取 0.10 g 咔唑，用无水乙醇溶解并定容至 100 mL。

(8)半乳糖醛酸标准贮备液(1 g/L)：准确称取无水半乳糖醛酸 0.100 0 g，用少量水溶解，加 0.5 mL 氢氧化钠溶液，定容至 100 mL，混匀。

(9)半乳糖醛酸标准工作液：分别吸取 0.0 mL、1.0 mL、2.0 mL、3.0 mL、4.0 mL、5.0 mL 半乳糖醛酸标准贮备液于 50 mL 容量瓶中，定容。标准工作液的浓度分别为 0.0 mg/L、20 mg/L、40 mg/L、60 mg/L、80 mg/L、100 mg/L。

(二)仪器设备

(1)分光光度计。

(2)组织捣碎机。

(3)分析天平。

(4)恒温水浴锅。

(5)离心机。

(6)其他：离心管、试管、移液管、量筒等。

(三)实验材料

苹果、香蕉等。

四、实验步骤

(一)原料预处理

新鲜的水果表面清洗后取可食部分，切碎，搅成匀浆；含水少的样品按一定质量比加入水，匀浆。

(二)样品处理

称取 1～5 g(精确至 0.001 g)样品于 50 mL 刻度试管中，加入 35 mL 75℃的无水乙醇，在 85℃的水浴中加热 10 min，充分振荡、冷却，转移至 50 mL 离心管中，4 000 r/min 离心 15 min，弃去上清液。在 85℃的水浴中，用乙醇溶液洗涤沉淀，离心分离，重复此步骤，直至上清液不再产生糖的 Molish 反应为止，保留下层沉淀。同时做空白试验。

Molish 检测方法：取上清液 0.5 mL，注入小试管中，加入 α-萘酚的乙醇溶液 2～3 滴，充分混匀，此时溶液稍有白色浑浊，然后使试管倾斜，沿试管壁慢慢加入 1 mL 浓硫酸，若在两液层的界面不产生紫红色色环，则证明上清液不含糖类。

(三)果胶提取

1. 酸提取方式

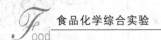

将预处理得到的沉淀,用 pH 0.5 的硫酸溶液全部洗入三角瓶中,混匀,在 85℃的水浴中加热 60 min,其间应不时振荡,冷却后转移至 100 mL 容量瓶中,用硫酸水溶液定容,过滤,保留滤液待测。

2. 碱提取方式

对于香蕉等淀粉含量高的样品宜采用碱提取方式。将上述预处理得到的沉淀,用水全部洗入 100 mL 容量瓶,加入 5 mL 氢氧化钠溶液,定容,混匀。至少放置 15 min,其间不时摇动,过滤,保留滤液待测。

(四)测定

1. 标准曲线的绘制

吸取标准溶液各 1 mL 于 25 mL 具塞试管中,分别加入 0.25 mL 咔唑乙醇溶液,产生白色絮状沉淀,不断摇动试管,再快速加入 5.0 mL 浓硫酸,摇匀。立刻将试管放入 85℃的水浴中加热 20 min,其间不时摇动,取出后放入冷水中迅速冷却至室温,在 525 nm 处测定标准溶液的吸光值,以半乳糖醛酸浓度为横坐标,吸光值为纵坐标,绘制标准曲线。

2. 样品测定

吸取 1 mL 果胶提取液于 25 mL 具塞试管中,加入 0.25 mL 咔唑乙醇溶液,按标准显色方法进行显色,测定 525 nm 下样液的吸光值,根据标准曲线查得样品提取液的浓度,计算样品中果胶的含量。

五、结果分析

$$X = \frac{c \times V}{m \times 1\ 000}$$

式中:X—样品中果胶的含量(以半乳糖醛酸计),g/kg;

c—样品提取液中半乳糖醛酸的浓度,mg/L;

m—样品的称样量,g;

V—样品提取液体积,mL。

六、方法说明及注意事项

(1)咔唑溶液配制后应做空白试验检测,即取 1 mL 水、0.25 mL 咔唑乙醇溶液和 5 mL 硫酸混合后应澄清、透明、无色。

(2)糖对咔唑的显色反应影响较大,使结果偏高,因此提取过程中应将糖除去。

(3)Molish 检测时,应注意加入硫酸后,水层和硫酸层不要混合。

(4)显色反应结束后,需在 1.5 h 内进行测定。

思 考 题

1. 沉淀果胶除用乙醇外,还可用什么试剂?

2. 咔唑比色法测定果胶含量的原理是什么?

实验十二　果胶酯化度和酰胺化度的测定

一、实验目的

1. 掌握果胶酯化度和酰胺化度的含义及测定方法。
2. 了解不同酯化度果胶的加工特性。

二、实验原理

果胶分子是由半乳糖醛酸通过 α-1,4 糖苷键连接而成的,其中一部分羧基以甲酯化的形式存在,其余的羧基以游离酸或盐的形式存在。测定时首先将盐的形式转化为游离的羧基,用碱液滴定出果胶中游离羧基的含量,即为果胶的原始滴定度。再加入过量的浓碱,将果胶皂化,将果胶分子中的甲氧基转换为羧基,再加入等摩尔的酸中和所加的碱,用碱液滴定新转化的羧基,可测得甲酯化羧基的量。

三、试剂、仪器和材料

(一)试剂

(1)无水乙醇。

(2)盐酸标准滴定溶液(0.5 mol/L):量取 45 mL 盐酸,加适量水并稀释至 1 000 mL。

(3)盐酸标准滴定溶液(0.1 mol/L):量取 9 mL 盐酸,加适量水并稀释至 1 000 mL。

(4)盐酸溶液(2.7 mol/L):量取 24.3 mL 盐酸,加适量水并稀释至 100 mL。

(5)氢氧化钠溶液(0.5 mol/L):吸取澄清的饱和氢氧化钠溶液 28 mL,用新煮沸并放冷后的水定容至 1 000 mL。

(6)氢氧化钠溶液(0.125 mol/L):量取 0.5 mol/L 氢氧化钠溶液 100 mL,加入 300 mL 水中,混匀。

(7)氢氧化钠标准滴定溶液(0.1 mol/L):吸取澄清的饱和氢氧化钠溶液 5.6 mL,用新煮沸并放冷后的水定容至 1 000 mL。

(8)氢氧化钠标准滴定溶液(0.05 mol/L):量取 0.5 mol/L 氢氧化钠溶液 100 mL,用水稀释至 1 000 mL。

(9)盐酸-乙醇溶液:5 mL 盐酸溶液(2.7 mol/L)与 100 mL 乙醇溶液(60%)混合。

(10)乙醇溶液(60%):量取无水乙醇 300 mL,加入 200 mL 水,混匀。

(11)克拉克溶液:称取 100 g 硫酸镁($MgSO_4 \cdot 7H_2O$)于烧杯中,加入 0.8 mL 硫酸,加水至总量为 180 mL。

(12)甲基红指示剂(1 g/L):称取 0.1 g 甲基红,用 95%乙醇溶解并稀释至 100 mL。

(13)酚酞指示剂(10 g/L):称取 1.0 g 酚酞,用 95%乙醇溶解并稀释至 100 mL。

(二)仪器设备

(1)电子天平。

(2)凯氏定氮装置。

(3)pH 计。

(4)真空泵。

(5)砂芯漏斗。

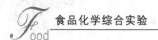

(6)其他:具塞锥形瓶、量筒、移液管、滴定管等。

(三)实验材料

果胶。

四、实验步骤

(一)样品预处理

称取 5 g 试样(精确至 0.000 1 g),置于烧杯中,加入 100 mL 盐酸-乙醇溶液,搅拌 10 min。用干燥至恒重(m_0)的 G3 砂芯漏斗过滤,真空抽吸滤干后,用盐酸-乙醇溶液洗涤 6 次,每次用 15 mL,再用乙醇溶液数次冲洗,直至滤液中不含氯离子,最后用 20 mL 无水乙醇冲洗滤干,在 105℃下干燥 2 h,冷却后称重(m_1)。

(二)初始滴定度

准确称取 1/10 干燥后的样品,移入 250 mL 具塞锥形烧瓶中,用 2 mL 无水乙醇湿润。加入 100 mL 新煮沸并冷却的水,盖上瓶塞,不时转动使试样完全溶解,加 5 滴酚酞指示剂,用 0.1 mol/L 氢氧化钠标准滴定溶液滴定,记录所消耗的氢氧化钠标准滴定溶液的体积 V_1(初始滴定度)。

(三)皂化滴定度

在上述锥形瓶中加入 20.0 mL 0.5 mol/L 氢氧化钠溶液,加上瓶塞,用力振摇后静置 15 min,加入 20.0 mL 0.5 mol/L 盐酸标准滴定溶液,振摇至粉红色消失,然后用 0.1 mol/L 氢氧化钠标准滴定溶液滴定,至弱粉红色 30 s 不褪色为终点。记录下所消耗的 0.1 mol/L 氢氧化钠标准滴定溶液的体积 V_2。

(四)酰胺滴定度

将锥形瓶中的溶液转移至凯氏烧瓶中,放置在凯氏定氮仪上,将冷凝器的导出管伸到装有 150 mL 去除二氧化碳的水和 20 mL 0.1 mol/L 盐酸标准滴定溶液的混合液的接收瓶的液面下。向凯氏烧瓶中加入 20 mL 氢氧化钠溶液(100 g/L),加热蒸馏,收集馏出液 80～120 mL。

取下接收瓶,向接收瓶中加入几滴甲基红指示剂,用 0.1 mol/L 氢氧化钠标准滴定溶液滴定过量的酸,滴定至亮黄色 30 s 不褪色为终点,记录所消耗的 0.1 mol/L 氢氧化钠标准滴定溶液的体积 S。用 20.0 mL 0.1 mol/L 盐酸标准滴定溶液做空白测定,记录下所用 0.1 mol/L 盐酸标准滴定溶液体积 B。记录下酰胺滴定度(B-S)为 V_3。

(五)醋酸酯滴定度

1. 皂化

准确称取 1/10 干燥后的样品于 50 mL 烧杯中,用 2 mL 无水乙醇湿润,加 25 mL 0.125 mol/L 氢氧化钠溶液使之溶解。室温下放置 1 h,其间不时搅拌,反应结束后,将此皂化样品移到 50 mL 容量瓶中,用水定容。

2. 蒸馏

量取 20 mL 皂化后的溶液于蒸馏装置中，加入克拉克溶液 20 mL（蒸馏器的蒸汽发生器与圆底烧瓶连接并连有冷凝管，蒸汽发生器与烧瓶带有加热装置）。先加热装有样品的蒸馏烧瓶，用量筒收集最初 15 mL 馏出液，然后提供蒸汽继续蒸馏并用 200 mL 烧杯收集 150 mL 馏出液。

3. 滴定

定量混合两次馏出液，用 0.05 mol/L 氢氧化钠标准滴定溶液滴定至 pH 为 8.5，记录所消耗的 0.05 mol/L 氢氧化钠标准滴定溶液的体积 A。同时以 20 mL 水为空白，用 0.05 mol/L 氢氧化钠滴定标准溶液滴定至 pH 为 8.5，记录所消耗的 0.05 mol/L 氢氧化钠标准滴定溶液的体积 A_0。记录醋酸酯滴定度（$A-A_0$）为 V_4。

五、结果分析

总半乳糖醛酸的含量 X_1、低甲氧基果胶酯化度 X_2、高甲氧基果胶酯化度 X_3、酰胺化果胶酰胺化度 X_4 分别按下式计算：

$$X_1=\frac{19.41\times(V_1+V_2+V_3-V_4)}{m}\times100\%$$

$$X_2=\frac{V_2}{V_1+V_2+V_3}\times100\%$$

$$X_3=\frac{V_2}{V_1+V_2}\times100\%$$

$$X_4=\frac{V_3}{V_1+V_2+V_3-V_4}\times100\%$$

式中：X_1—总半乳糖醛酸的含量，%；

X_2—低甲氧基果胶酯化度，%；

X_3—高甲氧基果胶酯化度，%；

X_4—酰胺化果胶占总量的质量分数（酰胺化度），%；

V_1—初始滴定度，mL；

V_2—皂化滴定度，mL；

V_3—酰胺滴定度（B-S），mL；

V_4—醋酸酯滴定度（$A-A_0$），mL；

m—试样干燥并去灰分后的总质量的 1/10，即 $1/10(m_1-m_0)$，mg。

六、方法说明及注意事项

（1）在样品预处理时要用乙醇溶液将盐酸洗涤干净，并用 $AgNO_3$ 溶液进行鉴定。

（2）滴定时应使用无 CO_2 的水，避免 CO_2 与 NaOH 反应，影响滴定结果。

（3）皂化时要剧烈振荡，使反应完全。

（4）测定皂化滴定度时，需要向溶液中加入等摩尔的酸，因此酸碱的浓度对测定结果影响较大，配制时要准确，使酸碱的摩尔浓度相近，并进行标定。

思　考　题

1. 如果酸碱标准溶液的浓度差异较大,如何处理?
2. 高甲氧基果胶和低甲氧基果胶结构上有何差异?

实验十三　羰氨反应速度的影响因素

一、实验目的

1. 了解碳水化合物的种类、氨基酸种类、亚硫酸盐及酸碱度等因素对羰氨反应速度的影响。
2. 了解羰氨反应对食品风味和色泽形成的意义。

二、实验原理

羰氨反应在中等水分活度条件下适宜发生。具有游离氨基和游离羰基的化合物反应速度较快。亚硫酸盐为褐变抑制剂,可以与美拉德反应的初级产物发生加成反应从而阻止黑色素的形成。羰氨反应的中间产物在近紫外区域具有强烈吸收,重要中间产物羟甲基糠醛在280～290 nm具有强烈的紫外吸收,可以通过比色法来定量测量羰氨反应的强弱。该反应产生复杂的香味物质,其味道与氨基酸和糖的种类有关。

三、试剂、仪器和材料

(一)试剂

(1)5%葡萄糖溶液:称取5 g葡萄糖,用水溶解并稀释至100 mL。
(2)5%麦芽糖:称取5 g麦芽糖,用水溶解并稀释至100 mL。
(3)5% *D*-木糖:称取5 g *D*-木糖,用水溶解并稀释至100 mL。
(4)5%蔗糖:称取5 g蔗糖,用水溶解并稀释至100 mL。
(5)5%淀粉:称取5 g淀粉,用水溶解并稀释至100 mL。
(6)5%甘氨酸溶液:称取5 g甘氨酸,用水溶解并稀释至100 mL。
(7)5%赖氨酸溶液:称取5 g赖氨酸,用水溶解并稀释至100 mL。
(8)5%酪氨酸溶液:称取5 g酪氨酸,用水溶解并稀释至100 mL。
(9)2%盐酸:量取2 mL浓盐酸,加入98 mL水中,混匀。
(10)1 mol/L氢氧化钠溶液:称取4 g氢氧化钠,用水溶解并稀释至100 mL。
(11)亚硫酸氢钠。

(二)仪器设备

(1)可调温电炉。
(2)其他:移液管、容量瓶、直径为6～8 cm的瓷表面皿、坩埚钳等。

四、实验步骤

(一)不同种类的糖对羰氨反应速度的影响

(1)取 5 个瓷表面皿,分别编号。
(2)加入 2.5 mL 5%葡萄糖溶液和 2.5 mL 5%甘氨酸溶液,混匀。
(3)加入 2.5 mL 5%蔗糖溶液和 2.5 mL 5%甘氨酸溶液,混匀。
(4)加入 2.5 mL 5%麦芽糖溶液和 2.5 mL 5%甘氨酸溶液,混匀。
(5)加入 2.5 mL 5%可溶性淀粉溶液和 2.5 mL 5%甘氨酸溶液,混匀。
(6)加入 2.5 mL 5% *D*-木糖溶液和 2.5 mL 5%甘氨酸溶液,混匀。
(7)将 5 个表面皿同时放在电炉上加热,比较褐变出现的先后和色泽深浅,同时嗅其风味。

(二)不同氨基酸种类对羰氨反应速度的影响

(1)取 3 个瓷表面皿,分别编号。
(2)加入 2.5 mL 5%的甘氨酸溶液和 2.5 mL 5%葡萄糖溶液,摇匀。
(3)加入 2.5 mL 5%的赖氨酸溶液和 2.5 mL 5%葡萄糖溶液,摇匀。
(4)加入 2.5 mL 5%的酪氨酸溶液和 2.5 mL 5%葡萄糖溶液,摇匀。
(5)将 3 个磁表面皿同时放在电炉上加热,比较褐变出现的先后和色泽深浅。

(三)不同环境条件对羰氨反应速度的影响

(1)取 5 个瓷表面皿,分别编号。
(2)加入 2.5 mL 5%的甘氨酸溶液和 2.5 mL 5%葡萄糖溶液,摇匀。室温下放置。
(3)加入 2.5 mL 5%的甘氨酸溶液和 2.5 mL 5%葡萄糖溶液,摇匀。
(4)加入 2.5 mL 5%的甘氨酸溶液和 2.5 mL 5%葡萄糖溶液,再加入 0.1～0.2 g 亚硫酸氢钠,摇匀。
(5)将上述(3)(4)中物质同时放在电炉上加热,观察其褐变出现的先后和色泽的深浅。
(6)加入 2.5 mL 5%的甘氨酸溶液和 2.5 mL 5%葡萄糖溶液,滴加 2%盐酸溶液数滴,使溶液 pH 在 2 左右,摇匀。
(7)加入 2.5 mL 5%的甘氨酸溶液和 2.5 mL 5%葡萄糖溶液,滴加 1 mol/L NaOH 溶液,使溶液 pH 在 9 左右,摇匀。
(8)将上述(6)(7)中物质同时放在电炉上加热,观察其色泽的变化。

五、结果分析

列表记录以上观察到的实验现象、颜色出现的先后顺序。

六、方法说明及注意事项

(1)实验所用表面皿最好选大小、薄厚一致的,以便于比较。
(2)样品加入后需混合均匀,反应快慢的判断以表面皿边缘最先出现颜色为准。

思 考 题

1. 不同的糖对羰氨反应速度的影响，哪个最快，哪个最慢，为什么？
2. 为什么亚硫酸盐能起到抑制羰氨反应速度的作用？
3. 为什么不同酸碱度下羰氨反应速度不同？

二维码 2-2　羰氨反应速度的影响因素(视频)

第三章

脂　类

实验一　食品中脂肪酸组成与含量分析

一、实验目的

1. 了解不同食品中脂肪酸的组成。
2. 了解气相色谱法测定脂肪酸组成的方法。

二、实验原理

脂类是食品中的重要组成成分，主要包括脂肪和类脂。其中天然脂肪是甘油和脂肪酸酯化的一酯、二酯和三酯。脂肪酸可分为饱和脂肪酸和不饱和脂肪酸。脂肪的营养价值和性质很大程度上由其分子组成中的脂肪酸决定。食品中的脂肪有游离态和结合态两种形式，游离态的脂肪可以用乙醚、石油醚等有机溶剂进行提取，而结合态则需破坏脂类与其他非脂类成分的结合，再用有机溶剂进行提取。

食品中的脂肪可在酸性、碱性、酶或高温高压下水解，形成相应的甘油和脂肪酸。脂肪酸在碱性条件下皂化和甲酯化，生成具有挥发性的脂肪酸甲酯。脂肪酸甲酯经气相色谱柱分离后，经氢火焰离子化检测器检测，利用内标法定量测定脂肪酸甲酯含量。依据各种脂肪酸甲酯含量和转换系数计算出总脂肪、饱和脂肪(酸)、单不饱和脂肪(酸)、多不饱和脂肪(酸)含量。

三、试剂、仪器和材料

(一)试剂

(1)盐酸溶液(8.3 mol/L)：量取 250 mL 盐酸，加入 110 mL 水混匀。

(2)乙醚-石油醚混合液(1+1)：分别量取 200 mL 乙醚和 200 mL 石油醚，混匀。

(3)氢氧化钠-甲醇溶液(2%)：取 2 g 氢氧化钠，用 100 mL 甲醇溶解，混匀。

(4)饱和氯化钠溶液：称取 72 g 氯化钠溶解于 200 mL 水中，搅拌，澄清备用。

(5)氢氧化钾-甲醇溶液(2 mol/L)：称取 13.1 g 氢氧化钾溶于 100 mL 无水甲醇中，溶解后加入无水硫酸钠干燥，过滤。

(6)十一碳酸甘油三酯内标溶液(5.00 mg/mL)：准确称取 0.5 g(精确至 0.1 mg)十一碳酸甘油三酯至烧杯中，用甲醇溶解，转移到 100 mL 容量瓶后用甲醇定容，在冰箱中冷藏可保存 1 个月。

(7)焦性没食子酸。

(8)正庚烷。

(9)三氟化硼甲醇溶液(15%)。

(10)单个脂肪酸甲酯标准品：已酸甲酯、辛酸甲酯、葵酸甲酯、十一碳酸甲酯、十二碳酸甲酯、十三碳酸甲酯、十四碳酸甲酯、顺-9-十四碳一烯酸甲酯、十五碳酸甲酯、顺-10-十五碳一烯酸甲酯、十六碳酸甲酯、顺-9-十六碳一烯酸甲酯、十七碳酸甲酯、顺-10-十七碳一烯酸甲酯、十八碳酸甲酯、反-9-十八碳一烯酸甲酯、顺-9-十八碳一烯酸甲酯、反，反-9，12-十八碳二烯酸甲酯、顺，顺-9，12-十八碳二烯酸甲酯、二十碳酸甲酯、顺，顺，顺-6，9，12-十八碳三烯酸甲酯、顺-11-二十碳一烯酸甲酯、顺，顺，顺-9，12，15-十八碳三烯酸甲酯、二十二碳酸甲酯、顺 11，14，17-

二十碳三烯酸甲酯、顺-5,8,11,14-二十碳四烯酸甲酯、二十三碳酸甲酯、顺 13,16-二十二碳二烯酸甲酯、二十四碳酸甲酯、顺-5,8,11,14,17-二十碳五烯酸甲酯、顺-15-二十四碳一烯酸甲酯、顺-4,7,10,13,16,19-二十二碳六烯酸甲酯。

单个脂肪酸甲酯标准溶液:将单个脂肪酸甲酯用正庚烷溶解,移入 10 mL 容量瓶中,用正庚烷多次冲洗标准瓶,合并溶液至容量瓶中,再用正庚烷定容,得到不同脂肪酸甲酯的单标溶液,贮存于−10℃以下冰箱,有效期 3 个月。

(11)混合脂肪酸甲酯标准溶液:取出适量脂肪酸甲酯混合标准溶液至 10 mL 容量瓶中,用正庚烷定容,贮存于−10℃以下冰箱,有效期 3 个月。

(二)仪器设备

(1)组织粉碎机。

(2)气相色谱仪:具有氢火焰离子检测器(FID)。

(3)毛细管色谱柱:聚二氰丙基硅氧烷强极性固定相,100 m×0.25 mm×0.2 μm。

(4)恒温水浴锅。

(5)分析天平。

(6)旋转蒸发仪。

(7)其他:容量瓶、量筒、移液管等。

(三)实验材料

牛乳、大豆、橄榄油、花生油、玉米油等。

四、实验步骤

(一)试样的制备

固体或半固体试样使用组织粉碎机或研磨机粉碎,液体试样用匀浆机打成匀浆。

(二)试样前处理

称取均匀试样 0.1～10 g(精确至 0.1 mg,含脂肪 100～200 mg)移入 250 mL 平底烧瓶中,准确加入 2.0 mL 十一碳酸甘油三酯内标溶液。加入约 0.1 g 焦性没食子酸、几粒沸石,再加入 2 mL 95%乙醇和 4 mL 水,混匀。

(三)试样的水解

1. 酸水解法

在上述烧瓶中加入盐酸溶液 10 mL,混匀。将烧瓶放入 70～80℃水浴中水解 40 min。每隔 10 min 振荡一下烧瓶,使黏附在烧瓶壁上的颗粒物混入溶液中,水解完成后,取出烧瓶冷却至室温。

2. 碱水解法

在上述烧瓶中,加入氨水 5 mL,混匀。将烧瓶放入 70～80℃水浴中水解 20 min。每 5 min 振荡一下烧瓶,使黏附在烧瓶壁上的颗粒物混入溶液中,水解完成后,取出烧瓶冷却至室温。

(四)脂肪提取

水解后的试样,加入 10 mL 95%乙醇,混匀。将烧瓶中的水解液转移到分液漏斗中,用

50 mL 乙醚-石油醚混合液冲洗烧瓶和塞子，冲洗液并入分液漏斗中，加盖。振摇 5 min，静置 10 min。将醚层提取液收集到 250 mL 烧瓶中。按照以上步骤重复提取水解液 2～3 次，弃去水层，最后用乙醚-石油醚混合液冲洗分液漏斗，并收集到 250 mL 烧瓶中。旋转蒸发仪浓缩至干，残留物为脂肪提取物。

(五)脂肪的皂化和脂肪酸的甲酯化

在脂肪提取物中加入 2%氢氧化钠甲醇溶液 8 mL，连接回流冷凝器在(80±1)℃水浴上回流，直至油滴消失。从回流冷凝器上端加入 7 mL 15%三氟化硼甲醇溶液，在(80±1)℃水浴中继续回流 2 min。用少量水冲洗回流冷凝器。停止加热，取下烧瓶迅速冷却至室温。

准确加入 10～30 mL 正庚烷，振摇 2 min，再加入饱和氯化钠水溶液，静置分层。吸取上层正庚烷提取溶液约 5 mL 置于 25 mL 试管中，加入 3～5 g 无水硫酸钠，振摇 1 min，静置 5 min，吸取上层溶液待测定。

(六)测定

1. 色谱参考条件

取单个脂肪酸甲酯标准溶液和脂肪酸甲酯混合标准溶液分别注入气相色谱仪，以某一脂肪酸甲酯保留时间定性。

仪器参考条件：进样器温度 270℃；检测器温度 280℃。

程序升温条件为初始温度 100℃持续 13 min，以 10℃/min 升温至 180℃，保持 6 min；以 1℃/min 升温至 200℃，保持 20 min；以 4℃/min 升温至 230℃，保持 11 min。

载气为氮气；分流比：100∶1；进样体积：1.0 μL。

2. 试样测定

试样溶液的测定在上述色谱条件下注入气相色谱仪，以保留时间定性，色谱峰面积定量。

五、结果分析

试样中单个脂肪酸甲酯含量按下式计算：

$$X_i = F_i \times \frac{A_i}{A_{SC11}} \times \frac{\rho_{SC11} \times V_{SC11} \times 1.0067}{m} \times 100$$

式中：X_i—试样中脂肪酸甲酯 i 含量，g/100 g；

F_i—脂肪酸甲酯 i 的响应因子；

A_i—试样中脂肪酸甲酯 i 的峰面积；

A_{SC11}—试样中加入的内标物十一碳酸甲酯峰面积；

ρ_{SC11}—十一碳酸甘油三酯浓度，mg/mL；

V_{SC11}—试样中加入十一碳酸甘油三酯体积，mL；

1.006 7—十一碳酸甘油三酯转化成十一碳酸甲酯的转换系数；

m—试样的质量，mg；

100—将含量转换为每 100 g 试样中含量的系数。

脂肪酸甲酯 i 的响应因子 F_i 按下式计算：

$$F_i = \frac{\rho_{SCi} \times A_{SC11}}{A_{SCi} \times \rho_{SC11}}$$

式中：F_i—脂肪酸甲酯 i 的响应因子；

ρ_{Si}—混标中各脂肪酸甲酯 i 的浓度，mg/mL；

A_{SC11}—十一碳酸甲酯峰面积；

A_{SCi}—脂肪酸甲酯 i 的峰面积；

ρ_{SC11}—混标中十一碳酸甲酯浓度，mg/mL。

试样中总脂肪含量按下式计算

$$X_{TotalFat} = \sum X_i \times F_{FAME_i - TG_i}$$

式中：$X_{TotalFat}$—试样中总脂肪含量，g/100 g；

X_i—试样中单个脂肪酸甲酯 i 含量，g/100 g；

$F_{FAME_i - TG_i}$—脂肪酸甲酯 i 转化成甘油三酯的系数。

脂肪酸甲酯 i 转化成为脂肪酸甘油三酯的系数按下式计算：

$$F_{FAME_i - TG_i} = \frac{M_{TG_i} \times \frac{1}{3}}{M_{FAME_i}}$$

式中：$F_{FAME_i - TG_i}$—脂肪酸甲酯 i 转化成为脂肪酸甘油三酯的系数；

M_{TG_i}—脂肪酸甘油三酯 i 的分子质量；

M_{FAME_i}—脂肪酸甲酯 i 的分子质量。

六、方法说明及注意事项

(1)根据实际工作需要选择内标，对于组分不确定的试样，第一次检测时可不加内标物。观察在内标物峰位置处是否有干扰峰出现，如果存在，可依次选择十三碳酸甘油三酯或十九碳酸甘油三酯或二十三碳酸甘油三酯作为内标。

(2)根据试样的类别选取相应的水解方法，乳制品采用碱水解法；其余食品采用酸水解法。

(3)以食用油为样品时，可以称取 0.10～0.20 g 样品，直接进行皂化和甲酯化等操作。

思　考　题

1. 为什么不同的样品采用的水解方式不同？试举例说明。
2. 为什么要对脂肪酸进行甲酯化处理？

实验二　不同因素对脂肪酸败的影响

一、实验目的

1. 掌握过氧化值的测定原理和方法。
2. 了解不同条件对油脂氧化酸败的影响。

二、实验原理

油脂是食物中的重要组成部分。在食品生产和贮存过程中，由于环境条件控制不严，油脂与氧气、阳光、微生物和酶长时间作用，极易被氧化和发生酸败，导致食物变质。脂肪的过氧化值通常用来表示油和脂肪酸的被氧化程度。

试样在三氯甲烷和冰乙酸混合溶液中溶解，其中的过氧化物与碘化钾反应生成碘，用硫代硫酸钠标准溶液滴定析出的碘，用过氧化物相当于碘的质量分数或 1 kg 样品中活性氧的毫摩尔数表示过氧化值的量。

三、试剂、仪器和材料

（一）试剂

（1）氯化铜（1 mol/L）：称取 17.05 g 氯化铜（$CuCl_2 \cdot 2H_2O$），用水溶解并稀释至 100 mL。

（2）氯化铁（1 mol/L）：称取 27.03 g 氯化铁（$FeCl_3 \cdot 6H_2O$），用水溶解并稀释至 100 mL。

（3）三氯甲烷-冰乙酸混合液（4＋6）：量取 40 mL 三氯甲烷，加 60 mL 冰乙酸，混匀。

（4）饱和碘化钾溶液：称取 20 g 碘化钾，加入 10 mL 煮沸冷却的水溶解，摇匀，冷却后贮于棕色瓶中。

（5）淀粉指示剂（1%）：称取可溶性淀粉 0.5 g，加少许水，调成糊状，边搅拌边倒入 50 mL 沸水，煮沸搅匀，放冷后使用，临用时现配。

（6）硫代硫酸钠标准溶液（0.1 mol/L）：称取 26 g 硫代硫酸钠（$Na_2S_2O_3 \cdot 5H_2O$），加 0.2 g 无水碳酸钠，溶于 1 000 mL 水中，缓缓煮沸 10 min，冷却。放置两周后过滤、标定。

（7）硫代硫酸钠标准溶液（0.01 mol/L）：准确吸取 0.1 mol/L 硫代硫酸钠标准溶液 50 mL 用水稀释并定容至 500 mL，临用前配制。

（二）仪器设备

（1）电子天平。

（2）恒温水浴锅。

（3）电热恒温干燥箱。

（4）紫外灯。

（5）其他：碘量瓶、滴定管、烧杯、移液管、量筒等。

（三）实验材料

亚麻籽油、葵花籽油等。

四、实验步骤

（一）光照对油脂酸败的影响

分别取 10 mL 植物油于 2 个 100 mL 烧杯中，一个放置在室温下避光保存，另一个在紫外灯下放置 1 h。

（二）温度对油脂酸败的影响

分别取 10 mL 植物油于 4 个 100 mL 的烧杯中，分别在室温、40℃、60℃、80℃、100℃温度下，保温 2 h，取出后测定其过氧化值。

（三）金属离子对油脂酸败的影响

分别取 10 mL 植物油于 2 个 100 mL 烧杯中，分别加入 10 滴氯化铜溶液和氯化铁溶液，混匀，在 40℃保温 2 h，取出后测定其过氧化值。

(四)样品过氧化值的测定

称取2～3 g制备好的试样,置于250 mL碘量瓶中,加入30 mL三氯甲烷-冰乙酸混合液,轻轻振摇,使样品完全溶解。准确加入1.0 mL饱和碘化钾溶液,立即盖上瓶塞,并轻轻振摇0.5 min,然后在暗处放置2 min。取出碘量瓶加100 mL水,摇匀,立即用0.01 mol/L硫代硫酸钠标准溶液滴定析出的碘,当溶液呈淡黄色时,加入10滴淀粉指示剂,继续滴定至蓝色消失为终点,记录滴定消耗的硫代硫酸钠溶液的体积。同时做空白试验。

五、结果分析

表3-1 实验记录表

处理		称样量/g	硫代硫酸钠标准溶液/mL			过氧化值含量/(g/100 g)	备注
			初始读数	完成读数	消耗体积		
光照	避光						
	光照						
温度	40℃						
	60℃						
	80℃						
	100℃						
金属	氯化铜						
	氯化铁						

$$X=\frac{c\times(V-V_0)\times0.1269}{m}\times100$$

式中:X—样品的过氧化值,g/100 g;

V—样品消耗硫代硫酸钠标准溶液体积,mL;

V_0—空白试剂消耗硫代硫酸钠标准溶液体积,mL;

c—硫代硫酸钠标准溶液的浓度,mol/L;

m—样品质量,g;

0.126 9—与1.000 mol/L硫代硫酸钠标准溶液1 mL相当于碘的克数。

六、方法说明及注意事项

(1)饱和碘化钾溶液中要确保有碘化钾结晶存在,使用前应检查。检测方法为在30 mL三氯甲烷-冰乙酸混合液中添加1.00 mL碘化钾饱和溶液和2滴1%淀粉指示剂,若出现蓝色,并需用1滴以上的0.01 mo1/L硫代硫酸钠溶液才能消除时,应重新配制。

(2)样品处理时尽量使用相同的烧杯,减少样品间的差异。

(3)不饱和脂肪酸含量高的样品实验效果明显。

(4)过氧化值估计值小于0.15 g/100 g时,需将硫代硫酸钠标准溶液稀释5倍后使用。

思 考 题

1. 哪些因素会对油脂氧化产生影响？试举例说明。
2. 金属离子的浓度不同，会对油脂氧化产生怎样的影响？

二维码 3-1 不同因素对脂肪酸败的影响(视频)

实验三 鸡蛋中卵磷脂的提取、鉴定

一、实验目的

1. 掌握鸡蛋中卵磷脂的提取、纯化方法。
2. 了解利用薄层色谱鉴定卵磷脂的方法。

二、实验原理

卵磷脂为甘油磷脂，广泛存在于植物种子、动物的卵和神经组织中，在蛋黄中含量高，又称为蛋黄素。未经纯化的卵磷脂主要由磷脂酰胆碱、磷脂酰丝氨酸和磷脂酰乙醇胺组成，纯化后的卵磷脂为磷脂酰胆碱。卵磷脂的结构中既有长烃链的非极性基团，又含有极性的磷酸基，卵磷脂因此具有两亲性，可在食品工业中做乳化剂使用。

纯卵磷脂是白色蜡状物，易溶于乙醇、乙醚、氯仿，不溶于水、丙酮，利用这一性质可以与中性脂肪分离，对卵磷脂进行纯化。

三、试剂、仪器和材料

(一)试剂

(1)95%乙醇。

(2)丙酮。

(3)硅胶 GF254。

(4)氯仿-甲醇溶液(9+1)：量取 90 mL 氯仿，加入 10 mL 甲醇，混匀。

(5)卵磷脂标准溶液(1 mg/mL)：精确称取卵磷脂标准品 5 mg，用 5 mL 氯仿-甲醇溶液溶解，混匀。

(6)羧甲基纤维素钠溶液(0.5%)：称取 0.5 g 羧甲基纤维素钠(CMC)溶解于 100 mL 水中，加热煮沸，不断搅拌直到完全溶解。

(7)氢氧化钠溶液(0.01 mol/L)：称取 0.4 g 氢氧化钠，用水溶解并定容至 1 000 mL。

(8)显色剂：称取 1.2 g 溴百里酚蓝，加入新配制的 300 mL 0.01 mol/L NaOH 溶液中，搅拌均匀，备用。

(9)展开剂：将氯仿-无水乙醇-三乙胺-水按 10∶11.3∶11.7∶2.7 的比例配制。

(二)仪器设备

(1)恒温干燥箱。

(2)电子天平。

(3)水浴锅。

(4)离心机。

(5)旋转蒸发仪。

(6)其他：研钵、锥形瓶、量筒、移液管、容量瓶、点样针、层析缸等。

(三)实验材料

鸡蛋。

四、实验步骤

(一)样品提取

将鸡蛋煮熟，放冷后取蛋黄备用。称取 10 g 蛋黄，用研钵研碎，用 30 mL 95%的乙醇，分多次转移至锥形瓶中，搅拌提取 30 min，将提取液转移至 50 mL 离心管中，8 000 r/min 离心 10 min，上清液转移至恒重的旋瓶中。残留物再加入 30 mL 95%的乙醇，搅拌提取 30 min，离心，合并提取液，用旋转蒸发仪浓缩近干。

(二)样品纯化

在旋瓶中慢慢加入 10 mL 丙酮，多次浸洗至丙酮洗液无色，挥干溶剂，在恒温干燥箱中干燥至恒重，得白色稍黄的卵磷脂，计算卵磷脂的提取率。

(三)卵磷脂定性

1. 薄板的制作

适量硅胶 GF254 与 CMC 溶液以 1∶3.5 的比例混合研磨成糊状，倒在干净的玻璃板上，铺成厚度为 0.4 mm 的薄层板，晾干，在 105℃烘箱中活化 30 min，置于干燥器中备用。

2. 点样、展开

称取上述提取物 0.05 g 于试管内，加入 5 mL 氯仿-甲醇溶液，混匀。分别取卵磷脂标准品和样品 5 μL 进行点样。挥干溶剂后放入事先装好展开剂的层析缸中，展开 9 cm，层析结束后取出薄板，自然晾干。

3. 显色

将薄板放入溴百里酚蓝染液缸中，染色 15 s，取出后用滤纸吸干残留的染液，用 105℃烘干。比较卵磷脂和样品的比移率。

五、结果分析

$$X=\frac{m_1-m_0}{m}\times 100$$

式中：X—卵磷脂的提取率，g/100 g；

m_1—卵磷脂和旋瓶的质量，g；

m_0—旋瓶的质量，g；

m—样品称样量，mg。

六、方法说明及注意事项

(1)样品在转移过程中避免损失。

(2)丙酮易挥发，应在通风橱中操作，在烘干恒重前，尽量将丙酮挥发干。

(3)展开薄层板前，层析缸先用展开剂预饱和 30 min，尽量避免边缘效应，减少误差。

(4)显色后，烘板的温度、时间对结果影响较大，当薄板上的黄绿色背景刚刚转为天蓝色时最为适宜。未转色时，斑点不清楚，转色太过时，斑点颜色与背景色界线模糊。

(5)采用浸板法显色，斑点均匀，操作方便，显色液可反复使用。

思 考 题

1. 乙醇提取液中如果水的比例增加，卵磷脂的提取率增加还是减少？

2. 如何对卵磷脂进行进一步纯化。

第四章

蛋白质和氨基酸

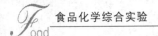

实验一　蛋白质水解度的测定

一、实验目的

1. 掌握蛋白质水解度的概念和测定原理。
2. 了解茚三酮比色法测定蛋白质的方法。

二、实验原理

蛋白质的水解度(DH)是指蛋白质分子中由于生物方法或化学方法水解造成断裂的肽键数 h 占蛋白质分子中总肽键数 h_{hot} 的比例。h_{hot} 对于特定的蛋白质是一个常数，可以由组成该蛋白质的氨基酸的含量计算，一般采用文献中的经验值，如大豆蛋白质为 7.8 mmol/g，大米蛋白为 6.7 mmol/g。

$$DH = \frac{h}{h_{hot}} \times 100\%$$

式中：DH—水解度，%；

h—被裂解的肽键数，mmol/g；

h_{hot}—原蛋白质肽键数，mmol/g。

在水解过程中，肽键断裂会形成新的羧基和氨基，根据水解后新形成的末端羧基或氨基基团的数量就可测定水解肽键的数量。蛋白水解程度不同对食品的风味和功能性有重要的影响。

除脯氨酸和羟脯氨酸分别与茚三酮反应产生黄色物质外，所有的 α-氨基酸与水合茚三酮在水溶液中加热时均可生成蓝紫色物质。α-氨基酸首先被氧化分解，放出氨和二氧化碳，氨基酸生成醛，水合茚三酮生成还原型茚三酮。还原型茚三酮、氨和另一分子茚三酮反应，缩合成蓝紫色物质。该蓝紫色化合物的颜色深浅与氨基酸含量成正比，其最大吸收波长为 570 nm，据此可以测定样品中氨基酸含量。

三、试剂、仪器和材料

(一)试剂

(1)氢氧化钠溶液(1 mol/L)：称取 4 g 氢氧化钠用水溶解并稀释至 100 mL。

(2)pH 8.04 磷酸缓冲溶液：准确称取磷酸二氢钾(KH_2PO_4)4.535 0 g 于烧杯中，用少量水溶解后，定量转入 500 mL 容量瓶中，定容，摇匀备用。准确称取磷酸氢二钠(Na_2HPO_4)11.938 0 g 于烧杯中，用少量水溶解后，定量转入 500 mL 容量瓶中，定容，摇匀备用。取配好的磷酸二氢钾溶液 10.0 mL 与 190 mL 磷酸氢二钠溶液混合均匀，即为 pH 8.04 的磷酸缓冲溶液。

(3)茚三酮溶液：称取 1 g 茚三酮加入 50 mL 蒸馏水溶解，放棕色瓶中保存，每次使用前配制。

(4)甘氨酸标准贮备液(1 000 mg/L)：取 100 mg 甘氨酸，用水溶解，定容至 100 mL。

(5)甘氨酸标准工作液(20 μg/mL)：吸取 1.0 mL 甘氨酸标准贮备液，用水定容到 50 mL。

再分别吸取 0.5 mL、1.0 mL、2 mL、3 mL、5 mL 标准中间液至 10 mL 容量瓶中，配成浓度为 1 μg/mL、2 μg/mL、4 μg/mL、6 μg/mL、10 μg/mL 的标准工作液。

(6)碱性蛋白酶。

(二)仪器设备

(1)分光光度计。

(2)电子天平。

(3)水浴锅。

(4)其他：容量瓶、烧杯、比色管等。

(三)实验材料

大豆蛋白粉。

四、实验步骤

(一)酶解时间对蛋白质水解度的影响

分别称取 5 g 大豆蛋白粉，置于 3 个烧杯中，加 100 mL 水搅拌，使蛋白粉均匀分散于水中，用氢氧化钠溶液调节 pH 为 10，加 0.01 g 碱性蛋白酶搅拌均匀，在 55℃水浴中分别酶解 30 min、60 min、90 min。反应过程中及时加入氢氧化钠溶液，使体系 pH 保持在 10 左右。酶解后，提高温度到 80℃，保持 15 min，灭酶。放冷，定容至 100 mL，过滤，上清液备用。

(二)pH 对蛋白质水解度的影响

分别称取 5 g 大豆蛋白粉，置于 3 个烧杯中，加 100 mL 水搅拌，使蛋白粉均匀分散于水中，用氢氧化钠溶液调节 pH 分别为 9、10 和 11，加 0.01 g 碱性蛋白酶搅拌均匀，在 55℃水浴中酶解 60 min，反应过程中及时加入氢氧化钠溶液，使体系各 pH 保持基本不变。酶解后，提高温度到 80℃，保持 15 min，灭酶。放冷，定容至 100 mL，过滤，上清液备用。

(三)酶解温度对蛋白质水解度的影响

分别称取 5 g 大豆蛋白粉，置于 3 个烧杯中，加 100 mL 水搅拌，使蛋白粉均匀分散于水中，用氢氧化钠溶液调节 pH 为 10，加 0.01 g 碱性蛋白酶搅拌均匀，分别在 45℃、55℃、65℃水浴中酶解 60 min，反应过程中及时加入氢氧化钠溶液，使 pH 保持基本不变。酶解后，提高温度到 80℃，保持 15 min，灭酶。放冷，定容至 100 mL，过滤，上清液备用。

(四)工作曲线的绘制

分别吸取甘氨酸标准工作液 4 mL 于 25 mL 比色管中，加入茚三酮 1 mL、磷酸缓冲液 1 mL，混合均匀，于沸水浴上加热 15 min，取出迅速冷至室温，加水至标线，摇匀。静置 15 min 后，在 570 nm 波长下，以试剂空白为参比液，测定其余各溶液的吸光度。以氨基酸的浓度为横坐标、吸光度为纵坐标，绘制标准曲线。

(五)水解液的测定

取水解蛋白液 1 mL，用水定容至 100 mL。吸取 1 mL 至 25 mL 比色管中，加水至 4 mL，加入茚三酮 1 mL、磷酸缓冲液 1 mL，混合均匀，于沸水浴上加热 15 min，取出迅速冷至室温，加水至标线，摇匀。静置 15 min 后，在 570 nm 波长下，测定吸光值。

(六)样品中蛋白质的含量

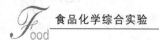

采用凯氏定氮法测定样品中蛋白质的含量。

五、结果分析

$$h=\frac{c\times V\times f}{m\times 75.07\times 1\ 000\times p}\qquad \mathrm{DH}=\frac{h}{h_{\mathrm{hot}}}\times 100\%$$

式中:h—被裂解的肽键数,mmol/g;

c—标准曲线上查得的水解液中甘氨酸的浓度,μg/mL;

V—制备水解液的体积,mL;

f—水解液的稀释倍数;

m—原料蛋白的质量,g;

p—原料蛋白中蛋白质的含量,%;

75.07—甘氨酸的摩尔质量,g/mol;

DH—水解度,%;

h_{hot}—原蛋白质肽键数,mmol/g,大豆蛋白为7.8 mmol/g。

六、方法说明及注意事项

(1)茚三酮受阳光、空气、温度、湿度等影响而被氧化呈淡红色或深红色,使用前须进行纯化。取10 g茚三酮溶于40 mL热水中,加入1 g活性炭,摇动1 min,静置30 min,过滤。将滤液放入冰箱中过夜,即出现蓝色结晶,过滤,用2 mL冷水洗涤结晶,置干燥器中干燥,装瓶备用。

(2)使用不同的氨基酸配制标准溶液时,按氨基酸的分子量折合成摩尔浓度。

思 考 题

1. 蛋白水解度是否越高越好?为什么?
2. 为什么酶解过程中要保持水解液的pH为10?

实验二 蛋白质的起泡性及其评价

一、实验目的

1. 掌握蛋白质的起泡性质及评价方法。
2. 掌握蛋白质泡沫膨胀率和稳定性的测定方法。

二、实验原理

泡沫是指气泡分散在含有表面活性剂的连续液相或半固相中的分散体系。蛋白质具有表面活性和成膜性,许多加工食品中如蛋糕、面包、啤酒、冰激凌等,是以蛋白质作为表面活性剂的。这些产品所具有的独特的质构和口感源自分散的微细空气泡。

蛋白质起泡性质的评价指标主要有泡沫密度、泡沫强度、气泡平均直径和直径分布、蛋白质的起泡能力和泡沫的稳定性，实际中最常用的是蛋白质的起泡力和泡沫的稳定性两个指标。

蛋白质起泡力的测定方法是将一定浓度和体积的蛋白质溶液加入带有刻度的容器中，利用不同的方法起泡后，测定泡沫的最大体积，然后分别计算泡沫的膨胀率和起泡力。泡沫稳定性的测定方法是在起泡完成后，迅速测定泡沫体积，然后在一定条件下放置一段时间，通常在30 min后再次测定泡沫体积，从而计算泡沫稳定性。

三、试剂、仪器和材料

(一)试剂

(1)植物油。

(2)蔗糖。

(3)氯化钠。

(二)仪器设备

(1)电子天平。

(2)高速乳化匀浆机。

(3)恒温水浴锅。

(4)其他：烧杯、量筒、玻璃棒等。

(三)实验材料

蛋清蛋白、大豆蛋白、乳清蛋白等。

四、实验步骤

(一)不同蛋白质发泡能力和泡沫稳定性

分别称取1.0 g蛋清蛋白、大豆蛋白、乳清蛋白于500 mL烧杯中，加入100 mL水用玻璃棒搅匀，用均质机以12 000 r/min的速度匀浆40 s，连续3次共计2 min，记录均质后液面的高度。静置30 min后，再次记录液面的高度，计算不同蛋白质的起泡能力和泡沫稳定性。

(二)温度对发泡能力和泡沫稳定性的影响

分别称取1.0 g大豆蛋白于3个烧杯中，分别加入室温、40℃、60℃的水100 mL，用玻璃棒搅匀，记录液面的体积。用均质机以12 000 r/min的速度匀浆40 s，连续3次共计2 min，记录均质后液面的高度。静置30 min后，再次记录液面的高度，计算起泡能力和泡沫稳定性。

(三)糖、盐、油脂对发泡能力和泡沫稳定性的影响

(1)分别称取1.0 g大豆蛋白于3个500 mL烧杯中，分别加入1 g蔗糖、3 g蔗糖、5 g蔗糖；

(2)分别称取1.0 g大豆蛋白于3个500 mL烧杯中，分别加入1 g氯化钠、3 g氯化钠、5 g氯化钠；

(3)分别称取1.0 g大豆蛋白于3个500 mL烧杯中，分别加入1 g植物油、2 g植物油、3 g植物油；

在烧杯中加入100 mL水，用玻璃棒搅匀，用均质机以12 000 r/min的速度匀浆40 s，连

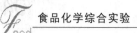

续 3 次共计 2 min，记录均质后液面的高度。静置 30 min 后，再次记录液面的高度，计算起泡能力和泡沫稳定性。

五、结果分析

表 4-1 实验记录表

处理组	测定体积/mL			泡沫膨胀率 X_1/%	泡沫稳定性 X_2/%	发泡能力 X_3/(mL/g)
	发泡前体积/V_0	最大体积/V_1	30 min 后体积/V_2			

$$泡沫体积=测定体积-发泡前体积$$

$$X_1=\frac{V_1-V_0}{V_0}\times 100\% \qquad X_2=\frac{V_2-V_0}{V_1-V_0}\times 100\%$$

式中：X_1—泡沫膨胀率，%；

X_2—泡沫稳定性，%；

V_0—匀浆前溶液的体积，mL；

V_1—匀浆结束后总分散体系体积，包括泡沫和液体的总体积，mL；

V_2—静置 30 min 后总分散体系体积，包括泡沫和液体的总体积，mL。

$$X_3=\frac{V_1-V_0}{c\times V_0}$$

式中：X_3—发泡能力，mL/g；

c—蛋白质溶液的质量浓度，g/100 mL。

六、方法说明及注意事项

(1)测定体积包括泡沫体积和液体总体积。

(2)起泡力一般随体系蛋白质浓度的增加而增加，在比较不同蛋白质的起泡力时，需要比较最高起泡力和响应与 1/2 最高起泡力的蛋白质浓度等多项指标。

(3)蛋白质的发泡性受溶液的 pH、温度、离子强度、均质速度等条件影响较大，测定时应使测试条件保持一致，减少误差。

(4)由于搅拌器种类和转速对蛋白质的起泡性影响较大，实验室可根据条件自行选取，但必须保证同一项实验操作条件的一致性。

(5)玻璃棒搅动时不要用力过大,混合均匀即可,避免产生大量气泡。

思 考 题

1. 形成泡沫的方法有哪些?
2. 测定泡沫稳定性还有哪些方法?

实验三 pH和金属离子对蛋白质水合能力的影响

一、实验目的

1. 掌握蛋白质水合能力的测定方法。
2. 了解 pH 和盐对蛋白质水合能力的影响。

二、实验原理

蛋白质的水合是指蛋白质通过肽键和氨基酸侧链的亲水基团与水分子间的相互作用,将水保持在蛋白质分子的结构中,使之不能流动。蛋白质的这种性质称为蛋白质的水合能力或持水力。影响蛋白质与水结合的因素包括蛋白质的氨基酸组成、pH、温度、离子的种类、浓度、水化时间等多种因素。

蛋白质的水合能力通常用每克蛋白质吸附水分的质量或体积来表示。测定蛋白质持水性的测定方法主要有相对湿度法、溶胀法、过量水法、水饱和法等。

过量水法是将蛋白质样品置于水中,其中水量必须超过蛋白质所能结合的水量,然后采用过滤、低速离心或压挤,使过剩的水分离。水饱和法需先确定水合能力的近似值,然后确定持水力的偏差范围。

三、试剂、仪器和材料

(一)试剂

(1)盐酸溶液(0.1 mol/L):量取浓盐酸 9 mL,用水稀释至 1 000 mL。

(2)氢氧化钠溶液(0.1 mol/L):称取氢氧化钠 4 g,用水溶解并稀释至 1 000 mL。

(3)磷酸氢二钠溶液(0.2 mol/L):称取磷酸氢二钠($Na_2HPO_4 \cdot 2H_2O$)35.01 g,用水溶解并定容至 1 000 mL。

(4)柠檬酸溶液(0.2 mol/L):称取柠檬酸($C_6H_8O_7 \cdot H_2O$)21.01 g,用水溶解并定容至 1 000 mL。

(5)磷酸缓冲溶液(pH 3):取 41.1 mL 磷酸氢二钠溶液和 158.9 mL 柠檬酸溶液,混匀。

(6)磷酸缓冲溶液(pH 5):取 103 mL 磷酸氢二钠溶液和 97 mL 柠檬酸溶液,混匀。

(7)磷酸缓冲溶液(pH 7):取 164.7 mL 磷酸氢二钠溶液和 35.3 mL 柠檬酸溶液,混匀。

(8)磷酸缓冲溶液(pH 8):取 194.5 mL 磷酸氢二钠溶液和 5.5 mL 柠檬酸溶液,混匀。

(9)氯化钠溶液(0.6 mol/L):称取氯化钠 35.04 g,用水溶解,并稀释至 1 000 mL。

(10)氯化钙溶液(0.6 mol/L):称取氯化钙 66.59 g,用水溶解,并稀释至 1 000 mL。

(11)氯化镁溶液(0.6 mol/L):称取氯化镁($MgCl_2 \cdot 6H_2O$)121.98 g,用少量水溶解,并

稀释至 1 000 mL。

(二)仪器设备

(1)离心机。

(2)电子天平。

(3)涡旋振荡器。

(4)酸度计。

(5)恒温水浴锅。

(6)其他:离心管、滴管等。

(三)实验材料

大豆分离蛋白、浓缩乳清蛋白等。

四、实验步骤

(一)水合能力测定方法

1. 过量水法

准确称取样品 1 g(准确至 0.000 1 g)于 50 mL 塑料离心管中(离心管事先称重),加入蒸馏水 30 mL,用涡旋振荡器使蛋白质溶液分散均匀。

用酸度计测量样液的 pH,用盐酸溶液或氢氧化钠溶液调 pH 至 7.0。在恒温水浴中,60℃加热 30 min,然后在冷水中冷却 30 min。

把样品管置于离心机中,在 3 000 r/min 条件下,离心 10 min 后倾去上清液。称取离心管的质量,根据质量差,计算出每克蛋白质样品的持水力(WHC)。

$$X=\frac{m_2-m_1}{m}$$

式中:X—蛋白质的水合能力,g/g;

m_2—水合离心后离心管和样品的质量,g;

m_1—离心管的质量,g;

m—样品含量,g。

2. 水饱和法

称取 1 g 样品,置于预先称重过的离心管中,逐步加水,每加一次水,就用玻璃棒将样品搅匀,加至样品呈浆状但无水析出为止,在管壁上擦干玻璃棒,再用 1~2 mL 水冲洗玻璃棒,混匀,于 3 000 r/min 离心 10 min,倒去上清液,称重。若没上清液,应再加水搅匀、离心,至离心后有少量上清液止。

(二)不同 pH 对水合能力的影响

称取 2 g 样品,分别置于预先称重过的 4 个离心管中,在相应的管中分别加入 pH 3、pH 5、pH 7、pH 8 的磷酸缓冲液,每加一次缓冲液,用玻璃棒将样品搅匀,加至样品呈浆状但无水析出为止,在管壁上擦干玻璃棒,用 1~2 mL 缓冲液冲洗玻璃棒,混匀,于 3 000 r/min 离心 10 min,倒去上清液,称重。若没上清液,则应再加缓冲液搅匀、再离心,至离心后有少量上清液为止。

（三）不同金属离子对水合能力的影响

称取 2 g 样品，分别置于预先称重过的 3 个离心管中，在相应的管中分别加入 0.6 mol/L 氯化钠溶液、0.6 mol/L 氯化钙溶液和 0.6 mol/L 氯化镁溶液，其余同上。

五、结果分析

表 4-2　实验记录表

处理	样品质量 m/g	离心管质量 m_1/g	离心管和沉淀物质量 m_2/g	水合能力 X/(g/g)
pH 3				
pH 5				
pH 7				
pH 8				
氯化钠溶液				
氯化钙溶液				
氯化镁溶液				

$$X=\frac{m_2-(m_1+m)}{m}$$

式中：X—蛋白质的水合能力，g/g；

m_2—离心后离心管质量和沉淀物的质量，g；

m_1—离心管的质量，g；

m—样品含量，g。

六、方法说明及注意事项

(1)在加水过程中要做到少量多次，搅拌充分，避免因一次加入过多，局部蛋白溶解造成测定误差。

(2)离心时注意对称的两管一定要平衡质量。

思　考　题

1. 比较两种不同水合能力测定方法的优、缺点？
2. 影响蛋白质的持水力的因素有哪些？

实验四　蛋白质的水溶性和乳化性

一、实验目的

1. 学习并掌握蛋白质的水溶性、乳化性等功能性质及其影响因素。
2. 掌握蛋白质功能性质的测定方法。

二、实验原理

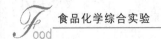

蛋白质的功能性质一般是指能使蛋白质成为人们所需要的食品特征而具有的物理化学性质，这些性质对食品的质量及风味起着重要的作用。蛋白质的功能性质与蛋白质在食品体系中的用途有十分密切的关系，是开发和有效利用蛋白质资源的重要依据。

蛋白质的功能性质是指食品体系在加工、贮藏、制备和消费过程中蛋白质对食品产生需要特征的那些物理、化学性质。主要包括吸水性、溶解性、保水性、分散性、黏度和黏着性、乳化性、起泡性、凝胶性等。蛋白质的功能性质及其变化规律非常复杂，受多种因素的相互影响，如蛋白质种类、浓度、温度、溶剂、pH、离子强度等。

三、试剂、仪器和材料

（一）试剂

（1）盐酸溶液（1 mol/L）：吸取 9 mL 浓盐酸，用水稀释至 100 mL。

（2）氢氧化钠（1 mol/L）：称取 4 g 氢氧化钠，用水溶解并稀释至 100 mL。

（3）氯化钠饱和溶液：称取 20 g 氯化钠，加 40 mL 水边溶解边搅拌，静置，上清液为氯化钠饱和溶液。

（4）硫酸铵饱和溶液：称取 80 g 硫酸铵，用 100 mL 水边溶解边搅拌，静置，上清液为硫酸铵饱和溶液。

（5）氯化钙饱和溶液：称取 80 g 氯化钙，用 100 mL 水边溶解边搅拌，静置，上清液为氯化钙饱和溶液。

（6）曙红 Y 溶液（5 g/L）：称取 0.5 g 曙红钠盐，用水溶解并稀释至 100 mL。

（7）硫酸铵。

（8）酒石酸。

（二）仪器设备

（1）恒温水浴锅。

（2）电子天平。

（3）显微镜。

（4）其他：容量瓶、滴定管、烧杯、移液管等。

（三）实验材料

（1）蛋清蛋白溶液（5%）：取 5 g 蛋清加 95 g 水，搅拌均匀，过滤取清液。

（2）大豆分离蛋白粉。

（3）卵黄蛋白：鸡蛋去除蛋清后，剩下的蛋黄。

四、实验步骤

（一）蛋白质的水溶性

（1）取 0.5 mL 蛋清蛋白加入 15 mL 具塞刻度试管中，加入 5 mL 水，摇匀，观察有无沉淀产生。在溶液中逐滴加入饱和氯化钠溶液，摇匀，得到澄清的蛋清蛋白的氯化钠溶液。

（2）取上述溶液 3 mL 于 15 mL 试管中，加入 3 mL 饱和硫酸铵溶液，观察蛋白沉淀析出情况，加入硫酸铵固体至饱和，摇匀，观察蛋清蛋白从溶液中析出，解释蛋清蛋白在水中及氯化钠溶液中的溶解度以及蛋白质沉淀的原因。

(3)取4个15 mL试管，各加入0.15 g大豆分离蛋白粉，分别加入5 mL水，5 mL饱和氯化钠溶液，5 mL氢氧化钠溶液，5 mL盐酸溶液，摇匀，30℃水浴中温热片刻，观察大豆蛋白在不同溶液中的溶解度。

在步骤(3)的第1、2支试管中加入饱和硫酸铵溶液3 mL，析出大豆蛋白沉淀。取步骤(3)的第3、4试管中分别用盐酸溶液、氢氧化钠溶液调pH为4～4.5(用pH试纸测定)，观察沉淀的生成，解释大豆蛋白的溶解性及pH对大豆蛋白溶解性的影响。

(二)蛋白质的乳化性

取1 mL卵黄蛋白于15 mL具塞试管中，加入9 mL水，混合均匀后，边振摇边加入1 mL植物油，盖上瓶塞，强烈地振荡5 min使其分散成均匀的乳状液，静置10 min，待泡沫大部分消除后，观察乳化效果。

另取1 mL卵黄蛋白于另一15 mL具塞试管中，加入9 mL水、0.25 g氯化钠，混合均匀后，边振摇边加入1 mL植物油，盖上瓶塞，强烈地振荡5 min使其分散成均匀的乳状液，静置10 min，观察乳化效果。

从乳化层中取出2 mL溶液于10 mL试管中，加入曙红Y溶液数滴，待染色均匀后，取一滴乳状液在显微镜下仔细观察。被染色部分为水相，未被染色部分为油相，根据显微镜下观察得到的染料分布，确定该乳状液是属于水包油型还是油包水型。

五、结果分析

观察实验现象，记录实验结果。

六、方法说明及注意事项

(1)蛋清蛋白溶液需过滤后使用。

(2)实验过程中称取大豆蛋白的量尽量保持一致，便于比较。

思　考　题

1. 影响蛋白质溶解度的因素有哪些？
2. 乳化液分几种类型？如何减少乳化现象的发生？

实验五　蛋白质的盐析和透析

一、实验目的

1. 掌握蛋白质盐析作用的原理，加深对影响蛋白质胶体分子稳定性因素的认识。
2. 掌握蛋白质透析的原理和方法。

二、实验原理

向蛋白质溶液中加入无机盐(如硫酸铵、硫酸镁、氯化钠等)后，蛋白质便从溶液中沉淀析出，这种沉淀作用称为蛋白质盐析。其过程是一个可逆的过程，当除去引起蛋白质沉淀因素后，被盐析的蛋白质可重新溶于水中，其天然性质不发生变化。用不同浓度的盐可将不同种类蛋白质从混合溶液中分别沉淀的过程，称为蛋白质的分级盐析。例如，蛋清溶液中的球蛋白可被半饱和的硫酸铵溶液沉淀提取，饱和的硫酸铵溶液可使清蛋白沉淀析出。因此，盐析法常被用于分离和提取各种蛋白质及酶制剂。

蛋白质用盐析法沉淀分离后，需要脱盐才能得到纯品，脱盐常用的方法为透析。透析是利用小分子能通过，而大分子不能透过半透膜的原理，把不同性质的物质彼此分开的一种手段。在透析过程中因蛋白质分子体积很大，不能透过半透膜，而溶液中的无机盐小分子则能透过半透膜进入水中，不断更换透析用水即可将蛋白质与小分子物质完全分开。如果透析时间过长，为防止微生物滋长、样品变质或降解，透析宜在低温条件下进行。

三、试剂、仪器和材料

(一)试剂

(1)硫酸铵。

(2)饱和硫酸铵溶液：称取 76.6 g 硫酸铵溶于 100 mL 水中。

(3)氯化钠溶液(0.9%)：称取 9 g 氯化钠，用水溶解并稀释至 1 000 mL，混匀。

(4)氯化钠溶液(30%)：称取 30 g 氯化钠，用水溶解并稀释至 100 mL，混匀。

(5)硝酸盐溶液(1%)：称取 1 g 硝酸银，用水溶解并稀释至 100 mL，棕色瓶保存。

(6)硫酸铜溶液(1%)：称取 1 g 硫酸铜，用水溶解并稀释至 100 mL。

(7)氢氧化钠溶液(10%)：称取氢氧化钠 10 g，用水溶解并稀释至 100 mL。

(二)仪器设备

(1)电子天平。

(2)透析袋。

(3)其他：烧杯、试管、移液管、滴管、容量瓶等。

(三)实验材料

鸡蛋。

四、实验步骤

(一)样品前处理

(1)蛋清溶液(10%)：选新鲜鸡蛋，在蛋壳上击破一小孔，取出蛋清，按新鲜鸡蛋清 1 份，加 9 份 0.9%氯化钠溶液的比例稀释，配制蛋清液，混匀，四层纱布过滤后备用。

(2)氯化钠蛋清溶液：取一个鸡蛋清蛋白，加入 30%氯化钠溶液 100 mL、水 250 mL，混匀，四层纱布过滤。

(二)蛋白质盐析

(1)取两支试管，分别加入 10%蛋清溶液 5 mL，饱和硫酸铵溶液 5 mL，微微振荡试管后，静置 5 min，观察是否有沉淀物产生，如无沉淀可再加少许饱和硫酸铵溶液，观察蛋白的析出情况。

(2)取其中一支试管,用滴管弃去上清液,加水至沉淀物,观察沉淀是否会再溶解,说明沉淀反应是否可逆。

(3)用滤纸把另一试管的沉淀混合物过滤,向滤液中添加固体硫酸铵至溶液饱和,观察溶液是否有蛋白质沉淀产生。

(三)蛋白质透析

1. 透析袋的制备

直接把5%火棉胶试剂约10 mL倒入洁净、干燥的100 mL三角瓶底部,然后徐徐转动三角瓶,使火棉胶由底部至瓶口均匀分布于瓶内壁,同时弃去多余的火棉胶,将三角瓶倒置,自然风干10 min。小心剥离三角瓶口薄胶,引自来水沿瓶内壁与袋膜间流入,使透析袋与瓶壁逐渐分离,取出透析袋,同时检查透析袋的完好性。

2. 透析

取10 mL氯化钠蛋清液注入透析袋内,扎紧透析袋顶部,系于一横放在盛有蒸馏水的烧杯上的玻璃棒上,调节水位使透析袋完全浸没蒸馏水中。

3. 透析情况检验

透析10 min后,从烧杯中分次取透析用水2 mL,分别置于两支试管中,一支内用1%硝酸银溶液检验氯离子是否能被透析出。另一支试管中,加入2 mL 10%氢氧化钠溶液,摇匀,再加1%硫酸铜溶液数滴,进行双缩脲反应,检验蛋白质是否被透析出。

每隔20 min更换烧杯中的蒸馏水以加速透析进行,经数小时后烧杯中的水不再有氯离子检出为止,则表明透析完成。因为蛋清溶液中的清蛋白不溶于纯水,此时可观察到透析袋中有蛋白沉淀出现。

五、结果分析

记录观察到的实验现象并进行分析。

六、方法说明及注意事项

(1)实验中注意区分溶液中硫酸铵固体沉淀与蛋白质沉淀。

(2)实验过程可以用商业透析袋。

思考题

1. 高浓度的硫酸铵对蛋白质溶解度有何影响?为什么?
2. 盐析与透析在蛋白质、生物酶提取纯化中的意义。
3. 蛋白质可逆沉淀反应与不可逆沉淀反应的区别在哪里?举例说明。

实验六　pH对明胶凝胶形成的影响

一、实验目的

1. 掌握明胶的凝胶性质及相关测定方法。
2. 了解pH对明胶凝胶形成的影响。

二、实验原理

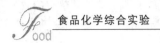

蛋白质凝胶作用是变性蛋白质分子聚集并形成有序的蛋白质网络结构的过程。蛋白质凝胶作用不仅可用于形成固体黏弹性凝胶，而且能增稠，提高吸水性、颗粒黏结性和乳浊液或泡沫的稳定性。

明胶是一种动物蛋白质，它的蛋白质含量高达 80%以上，明胶形成的胶凝属于典型的热可逆凝胶。判定明胶胶凝性能的主要指标为胶凝温度、熔化温度、凝胶时间以及凝胶强度等。

三、试剂、仪器和材料

(一)试剂

(1)氢氧化钠溶液(0.1 mol/L)：称取 4 g 氢氧化钠，用水溶解并稀释至 1 000 mL。

(2)盐酸溶液(0.1 mol/L)：吸取 9 mL 浓盐酸，用水稀释至 1 000 mL。

(二)仪器设备

(1)分析天平。

(2)质构仪。

(3)离心机。

(4)恒温水浴锅。

(5)其他：烧杯、试管等。

(三)实验材料

明胶。

四、实验步骤

(一)不同 pH 明胶溶液的配制

分别称取 5 g 明胶于 8 个 100 mL 烧杯中，加入 50 mL 水使其充分吸水膨胀后，分别用盐酸溶液和氢氧化钠溶液调整 pH 为 3、4、5、6、7、8、9、10，将烧杯置于 45℃水浴中缓慢搅拌溶解成为均匀的液体，平衡 20 min。

(二)透明度的测定

移取 5 mL 的明胶溶液用于透明度的测定。用分光光度法测定不同 pH 明胶溶液在 620 nm 波长的吸光值。

(三)凝胶强度的测定

将配制好的明胶用保鲜膜封口，在 80℃水浴中加热 40 min，取出后在流水中快速冷却，然后在 4℃下静置 16～18 h，观察凝胶状态，测定前自然回复到室温。用质构仪测定凝胶强度，并记录。

(四)凝胶保水性的测定

将制备好的凝胶移入事先称重的离心管中，经 4 000 r/min 离心 10 min 后，称总重，去除离心出的水分，再称重，计算保水性。

$$X=\frac{m_2-m}{m_1-m}\times 100$$

式中：X—保水率，g/100 g；

m—离心管重，g；

m_1—离心后的凝胶重＋离心管重，g；

m_2—离心前的凝胶重＋离心管重，g。

五、结果分析

表 4-3 实验记录表

pH	透明度	凝胶强度	持水力
3			
4			
5			
6			
7			
8			
9			
10			

六、方法说明及注意事项

(1)制备明胶溶液时，明胶要充分溶胀，均匀溶解在水溶液中。

(2)测定明胶透明度时要迅速，不同 pH 明胶溶液测定的温度尽可能保持在相同温度，便于比较。

思考题

1. 明胶溶液的透明度反映了凝胶的什么特性？

2. pH 影响明胶凝胶的凝胶强度和保水性的原因是什么？

实验七 多糖凝胶和蛋白凝胶的比较

一、实验目的

1. 学习和掌握制备海藻酸钠多糖凝胶和明胶蛋白凝胶的原理及方法。

2. 掌握影响两种凝胶性质的主要因素。

二、实验原理

凝胶是一种内部充满了液体并具有三维网络结构的分散体系，兼具液体和固体的黏弹性。多糖和蛋白的食品凝胶剂在果冻、凝固型酸奶和布丁等凝胶食品中应用较为广泛。食品多糖凝胶剂如海藻酸钠凝胶通过多糖羧基和钙离子配位的静电作用成胶。食品蛋白凝胶剂如明胶是通过低温条件下氢键作用成胶的。多糖和蛋白凝胶的液-固相转变会受温度、pH 和盐浓度的影响。凝胶性质不同，所受主导影响因素也不同。

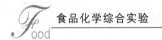

三、试剂、仪器和材料

(一)试剂

(1)氯化钙(0.1 mol/L)：称取 2.19 g 氯化钙，用水溶解并稀释至 100 mL。

(2)氯化钠(2 mol/L)：称取 11.7 g 氯化钠，用水溶解并稀释至 100 mL。

(3)氢氧化钠溶液(1 mol/L)：称取 4 g 氢氧化钠，用水溶解并稀释至 100 mL。

(4)盐酸溶液(1 mol/L)：吸取 9 mL 浓盐酸，用水稀释至 100 mL。

(二)仪器设备

(1)质构仪。

(2)水浴锅。

(3)控温电炉。

(4)其他：烧杯、量筒、玻璃棒、瓷表面皿等。

(三)实验材料

海藻酸钠、明胶。

四、实验步骤

(一)海藻酸钠多糖凝胶的制备

取 4 个 100 mL 烧杯，分别称取 0.2 g 海藻酸钠置于烧杯中。小心加入 20 mL 水，使其充分吸水后，置于电炉或水浴锅中加热并用玻璃棒搅拌使之充分溶解。待海藻酸钠完全溶解后，取出冷却到室温。在 4 个海藻酸钠溶液中分别逐滴加入 0.5 mL、1.0 mL、1.5 mL、2.0 mL 氯化钙溶液至凝胶出现，利用手机拍照方式记录成胶前后的液-固转变的状态，观察并记录凝胶状态变化，比较氯化钙使用量对凝胶形成的影响。将烧杯倾斜过来，凝胶呈半固体状态失去液体性质即凝胶制备成功。

(二)明胶凝胶的制备

称取 0.8 g 明胶于 100 mL 烧杯中，加入 20 mL 水，在电炉或水浴锅中加热搅拌，使之充分溶解。将溶解完全的明胶溶液置于 0℃冰水浴中至凝胶出现(或在冰箱中冷冻 10 min)，观察记录凝胶状态变化。凝胶呈半固体状态失去液体性质即凝胶制备成功。利用手机拍照方式记录成胶前后的液-固转变的状态。

(三)盐离子对两种凝胶相转变的影响

取两个瓷表面皿，分别取制备好的多糖凝胶和蛋白凝胶各一勺于瓷表面皿中，分别滴加 1 mL 氯化钠溶液，观察凝胶的变化，并拍照记录。

(四)pH 对凝胶的影响

取四个瓷表面皿，两个表面皿中各加一勺多糖凝胶，另两个表面皿各加一勺蛋白凝胶，分别滴加 1 mL 盐酸溶液和 1 mL 氢氧化钠溶液到凝胶块中，观察凝胶的变化，并拍照记录。

(五)温度对两种凝胶相转变的影响

取两个 100 mL 烧杯,分别取制备好的多糖凝胶和蛋白凝胶各一勺于烧杯中,将烧杯放入 40℃水浴锅中加热,观察凝胶的变化,并拍照记录。

(六)两种凝胶黏弹性的观察比较和测量

使用质构仪测量两种凝胶的硬度和弹性,利用手指按压等方式感受多糖凝胶和蛋白凝胶的硬度。

五、结果分析

列表记录以上各种处理凝胶的变化和测量结果。

六、方法说明及注意事项

(1)实验过程中应保证凝胶形成,避免烧杯倒过来时遗洒。

(2)凝胶溶解时尽量搅匀,避免结块;利用电炉加热时注意控制加热温度。

思　考　题

1. 影响多糖凝胶和蛋白凝胶相转变的主要因素是什么?为什么?
2. 温度、pH 和盐浓度对两种凝胶的影响?
3. 多糖凝胶和蛋白凝胶的硬度有何区别?为什么?
4. 通过实验,你觉得什么类型的食品适合用多糖凝胶?什么食品适合用蛋白凝胶?

二维码 4-1　多糖凝胶和蛋白凝胶的比较(视频)

实验八　游离氨基酸的测定

一、实验目的

学习并掌握茚三酮比色法测定游离氨基酸含量的原理与方法。

二、实验原理

蛋白质可以被酶、酸或碱水解,按水解程度得到脲、胨、多肽等中间体,最终产物为氨基酸。氨基酸是构成蛋白质的最基本的单体物质,天然来源的氨基酸达上百种,但是构成蛋白质的氨基酸主要是其中的 20 余种。在这些氨基酸中,亮氨酸、异亮氨酸、赖氨酸、苯丙氨酸、蛋氨酸、苏氨酸、色氨酸和缬氨酸在人体中不能合成,必须依靠食物供给,故常被称为必需氨基酸,对人体有着极其重要的生理功能。

除脯氨酸、羟脯氨酸和茚三酮反应产生黄色物质外，所有 α-氨基酸和蛋白质的游离氨基酸均可与水合茚三酮反应，产生蓝紫色络合物。在一定范围内，产物颜色的深浅与游离氨基酸含量成正比，用分光光度计在 570 nm 下测得蓝紫色溶液的吸光值，根据标准曲线计算未知样品中游离氨基酸的含量。

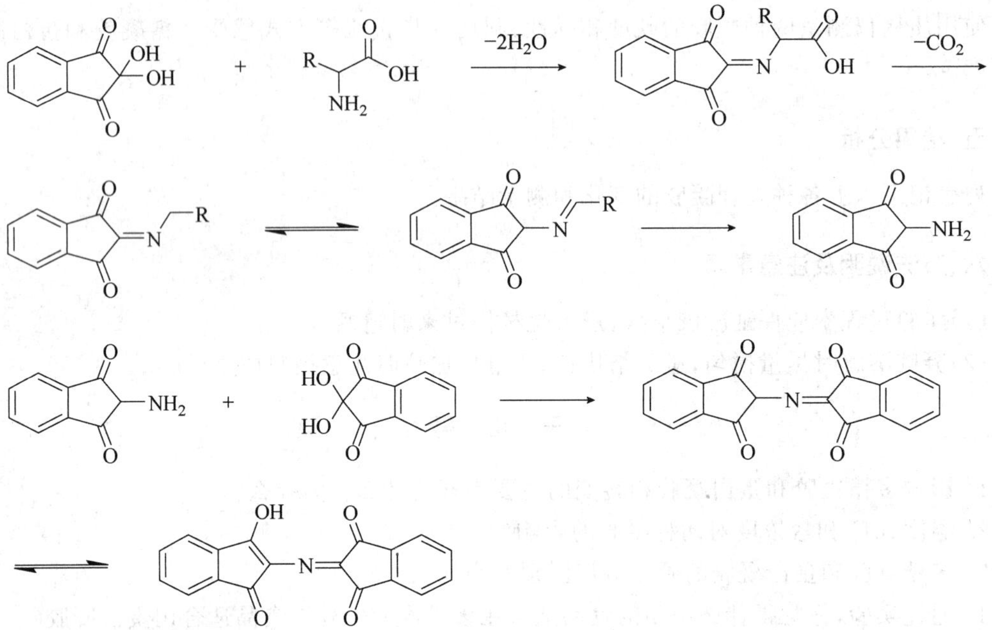

三、试剂、仪器和材料

(一)试剂

(1)2%茚三酮溶液：称取茚三酮 1 g，用 35 mL 热水使其溶解，加入 40 mg 氯化亚锡($SnCl_2 \cdot H_2O$)，搅拌过滤，滤液至暗处过夜，加水至 50 mL，摇匀。

(2)磷酸缓冲液(pH 8.04)：准确称取 4.535 g 磷酸二氢钾(KH_2PO_4)于烧杯中，用少量水溶解，定量转入 500 mL 容量瓶中，用水稀释至刻度，摇匀。准确称取 11.938 g 磷酸氢二钠(Na_2HPO_4)于烧杯中，用少量水溶解，定量转入 500 mL 容量瓶中，用水稀释至刻度，摇匀。取上述磷酸二氢钾溶液 5 mL 与 95 mL 磷酸氢二钠溶液混合均匀，即为 pH 为 8.04 的磷酸缓冲液。

(3)氨基酸标准溶液贮备液(2 mg/mL)：称取 80℃烘干至恒重的异亮氨酸 0.200 g 于小烧杯中，用少量的水溶解后，定量转移至 100 mL 容量瓶中，定容。

(4)氨基酸标准溶液工作液(200 μg/mL)：吸取氨基酸标准溶液贮备液 10 mL 于 100 mL 容量瓶中，用水定容至刻度。

(5)活性炭。

(二)仪器设备

(1)分析天平。

(2)紫外可见分光光度计。

(3)恒温水浴锅。

(4)可控温电炉。

(5)其他:容量瓶、烧杯、移液管、具塞刻度试管等。

(三)实验材料

酱油。

四、实验步骤

(一)样品处理

准确吸取0.5 mL酱油于100 mL烧杯中,加入50 mL水和5 g活性炭,置于80℃水浴锅中,提取30 min,过滤,用水冲洗滤渣,收集滤液于100 mL容量瓶中,定容至刻度,摇匀。

(二)标准曲线制作

取7支20 mL刻度试管,按表4-4加入试剂后,盖上玻璃塞,混匀,置沸水浴中加热15 min,取出在冷水浴中迅速冷却至室温,放置15 min直至溶液呈蓝紫色时,摇匀,在570 nm下测吸光值。以每管含氮量为横坐标,吸光值为纵坐标绘制标准曲线。

表4-4 标准曲线制作取样表

管号	1	2	3	4	5	6	7
氨基酸标准溶液/mL	0	0.5	0.6	0.7	0.8	0.9	1.0
水/mL	2.0	1.5	1.4	1.3	1.2	1.1	1.0
磷酸缓冲液/mL	1.0	1.0	1.0	1.0	1.0	1.0	1.0
茚三酮溶液/mL	1.0	1.0	1.0	1.0	1.0	1.0	1.0
氨基酸含量/μg	0	100	120	140	160	180	200

(三)样品测定

取样品滤液1 mL,放入20 mL具塞刻度试管中,加水1.0 mL,缓冲溶液1.0 mL,茚三酮溶液1.0 mL,按标准曲线方法显色、比色。根据吸光值在标准曲线上查得样品溶液中氨基酸的质量。

五、结果分析

表4-5 实验数据记录表

样品体积(mL): 定容体积(mL): 显色用体积(mL):

管号	1	2	3	4	5	6	7
氨基酸含量/μg							
吸光值(A)							
线性方程							
提取液吸光值(A)							
样品含量/(mg/100 g)							

按下式计算出100 mL样品中氨基酸的含量:

$$X = \frac{m \times V_1 \times 100}{V_2 \times V \times 1\ 000 \times 1\ 000}$$

式中：X—样品中氨基酸的含量，mg/100 mL；

m—从标准曲线上查得的氨基酸的质量，μg；

V_1—样品提取液定容体积，mL；

V_2—测定用样品提取液体积，mL；

V—样品体积，mL。

六、方法说明及注意事项

(1)脯氨酸和羟脯氨酸与茚三酮反应呈黄色，最大吸收波长在 440 nm 处。

(2)有颜色的样品需经脱色处理至无色后进行测定。

(3)茚三酮受阳光、空气、温度、湿度等影响而被氧化呈淡红色或深红色，使用前须进行纯化。方法为：取 10 g 茚三酮溶于 40 mL 热水中，加入 1 g 活性炭，摇动 1 min，静置 30 min 后过滤，滤液在冰箱中过夜，即出现蓝色结晶，过滤，用 2 mL 冷水洗涤结晶，置干燥器中干燥，装瓶备用。

思 考 题

1. 茚三酮法测定氨基酸的原理是什么？

2. 以不同氨基酸为标准品计算的氨基酸含量有一定的差异，如何对氨基酸含量进行校正？

实验九 蛋白质中氨基酸组成分析

一、实验目的

1. 学习并掌握层析法测定氨基酸的原理及操作技术。

2. 了解样品氨基酸成分的分析方法。

二、实验原理

层析法又称色谱法，是一种物理的分离方法。利用混合物中各组分物理化学性质的差异(如吸附力、分子形状及大小、分子亲和力、分配系数等)，使各组分以不同程度分布在固定相和流动相两相中，并使各组分以不同速度移动，从而得到有效的分离。

纸层析法是用滤纸作为惰性支持物的分配层析法，层析溶剂由有机溶剂和水组成。滤纸纤维上的羟基具有亲水性，在滤纸上水就被吸附在纤维素的纤维之间形成固定相。当有机溶剂(流动相)沿纸流动经过层析点时，层析上溶质就在水相和有机相之间不断进行分配。由于溶质中各组分的分配系数不同，移动速率也不同，因而可以彼此分开。

$$\text{分配系数} = \frac{\text{溶质在固定相中的浓度}}{\text{溶质在流动相中的浓度}}$$

物质被分离后在滤纸上的移动速率用 R_f 值表示：

$$R_f = \frac{\text{原点到层析斑点中心的距离}}{\text{原点到溶剂前沿的距离}}$$

在一定的条件下某种物质的 R_f 值是常数。R_f 值的大小与物质的结构、性质、溶剂系统、层析滤纸的质量和层析温度等因素有关。只要条件（如温度、展开溶剂的组成）不变，R_f 值即是常数，故可根据 R_f 值作定性依据。本实验利用纸层析法分离氨基酸。

三、试剂、仪器和材料

（一）试剂

（1）亮氨酸标准溶液（1 mg/mL）：准确称取亮氨酸 25 mg，用水溶解并定容至 25 mL。

（2）甘氨酸标准溶液（1 mg/mL）：准确称取甘氨酸 25 mg，用水溶解并定容至 25 mL。

（3）脯氨酸标准溶液（1 mg/mL）：准确称取脯氨酸 25 mg，用水溶解并定容至 25 mL。

（4）天冬氨酸标准溶液（1 mg/mL）：准确称取天冬氨酸 25 mg，用水溶解并定容至 25 mL。

（5）甲酸溶液（8+2）：量取甲酸 80 mL，加入 20 mL 水，混匀。

（6）茚三酮丙酮溶液（0.5%）：称取 0.5 g 茚三酮，用丙酮溶解并稀释至 100 mL。

（7）酸性展开剂：量取正丁醇 150 mL，甲酸溶液 30 mL，水 20 mL，混匀。

（二）仪器设备

（1）电热鼓风干燥箱。

（2）滤纸：滤纸 6 cm×7 cm。

（3）其他：层析缸、培养皿、毛细管、吹风机等。

四、实验步骤

（一）滤纸

在距滤纸 2 cm 处用铅笔轻轻画一条与底边平行的线，在线上标上 6 个点作为点样位置（留出缝线空间），标样 4 个点，样品 2 个平行。

（二）点样

用毛细管吸取氨基酸样品，与滤纸垂直方向轻轻碰触点样处的中间，点样的扩散直径控制在 0.5 cm 之内，点样过程中必须在第一滴样品干后再点第二滴，为使样品加速干燥，可用吹风机吹干，但要注意温度不可过高，以免氨基酸破坏，影响定量结果。

将点好样品的滤纸两侧比齐，用线缝好，揉成筒状。注意缝线处纸的两边不要接触。避免由于毛细管现象使溶剂沿两边移动特别快而造成溶剂前沿不齐，影响 R_f 值。

（三）展开

将揉成圆筒状的滤纸放入层析缸中，注意滤纸不要碰皿壁，事先放入展开剂，当溶剂展层至距离纸的上沿约 1 cm 时，取出滤纸，立即用铅笔标出溶剂前沿位置。

（四）显色

将滤纸上的溶剂挥发，将显色剂均匀喷洒在滤纸上，置于 65℃鼓风干燥箱中 15 min 烘干，滤纸上即显出紫红色或黄色斑点。

五、结果分析

表 4-6 实验记录表

	亮氨酸	甘氨酸	脯氨酸	待测氨基酸
中心到原点距离/cm				
前沿/cm				
R_f				
理论 R_f 值				

用尺测量显色斑点的中心与原点(点样中心)之间的距离和原点到溶剂前沿的距离,求出此值,即为氨基酸的 R_f 值,判断待测样组成。

$$R_f=\frac{\text{原点到层析斑点中心的距离}}{\text{原点到溶剂前沿的距离}}$$

六、方法说明及注意事项

(1)在整个操作过程中,手只能接触滤纸边缘,避免手指上的氨基酸对分析的影响。

(2)点样量要合适,样品点得太浓,斑点易扩散或拉长;点样斑点不能太大,防止氨基酸斑点重叠。

(3)展开剂接触滤纸时一定要均匀,保持前沿线与滤纸平行。

思 考 题

1. 薄层色谱法分析氨基酸的优、缺点是什么?
2. 滤纸点样、展开时需要注意哪些问题?

第五章

维 生 素

实验一　维生素 C 的性质

一、实验目的

1. 掌握定性检验维生素 C 的原理和方法。
2. 了解维生素 C 的性质和作用。

二、实验原理

维生素 C 又称抗坏血酸，是水溶性维生素，化学名为 *L*-2-烯醇己糖酸内酯，具有邻二烯醇结构，使其呈酸性，可与碳酸氢钠或稀氢氧化钠溶液作用生成 3-烯醇钠。

维生素 C 有较强的还原性，能被单质碘氧化，将碘还原成碘离子，碘离子本身无色，也不能使淀粉变蓝，利用这一性质可以进行定性。

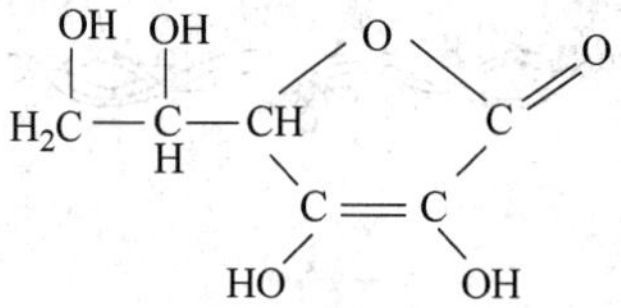

维生素C的结构

三、试剂、仪器和材料

(一)试剂

(1)氢氧化钠溶液(0.1 mol/L)：称取 0.4 g 氢氧化钠，用水溶解并稀释至 100 mL。

(2)碳酸钠饱和溶液：称取 40 g 碳酸钠，加入 100 mL 水，混合，取上清液备用。

(3)草酸溶液(2%)：称取草酸 2 g，用水溶解并稀释至 100 mL。

(4)亚甲基蓝溶液(1%)：称取 0.5 g 亚甲基蓝用无水乙醇溶解并稀释至 50 mL。

(5)淀粉溶液(1%)：称取可溶性淀粉 1 g，用刚煮沸的水溶解并稀释至 100 mL。

(6)碘-碘化钾溶液(0.1 mol/L)：称取 3.6 g 碘化钾溶于 20 mL 水中，加入 1.3 g 碘，溶解后过滤。

(7)甲基橙溶液(0.1%)：称取甲基橙 0.1 g，用水溶解并稀释至 100 mL。

(二)仪器设备

(1)电子天平。

(2)可调温电炉。

(3)其他：烧杯、容量瓶、试管、玻璃棒、吸管、pH 试纸、滤纸、研钵等。

(三)实验材料

维生素 C 片、猕猴桃、西红柿、辣椒、橙子、苹果等新鲜果蔬。

四、实验步骤

(一)提取液的制备

1. 维生素 C 溶液制备

取 5 片维生素 C 片在研钵中研细后转入小烧杯中，加入 20 mL 水溶解，上清液即为维生素 C 溶液。

2. 样品提取液的制备

取新鲜果蔬样品，用水清洗表面，晾干或用滤纸吸干表面水分。将样品切成 1 cm 左右的小块，混合均匀。称取 20 g 切碎的样品，置于研钵中，加入 5 mL 2%草酸溶液研磨至浆状，上清液转移至 100 mL 容量瓶中，重复研磨、浸提、转移操作 2～3 次。用 2%草酸溶液定容，摇匀，静置，上清液即为样品提取液。

(二)维生素 C 的酸性

1. 维生素 C 酸碱度

用 pH 试纸测定维生素 C 溶液的 pH 并记录。

2. 维生素 C 与碱的中和反应

取 2 mL 维生素 C 溶液于试管中，加入 2 滴甲基橙指示剂，观察颜色变化。向试管中逐滴加入 0.1 mol/L NaOH 溶液，边滴加边振荡，直至过量，观察并记录实验现象。

3. 维生素 C 与碳酸钠反应

取 2 mL 维生素 C 溶液于试管中，加入 1 mL 饱和碳酸钠溶液，观察并记录实验现象。

(三)还原性

1. 维生素 C 与亚甲基蓝反应

在两支试管中分别加入维生素 C 溶液 4 mL、样品提取液 4 mL，用饱和碳酸钠溶液调至弱碱性(pH＝8～9)，然后向两支试管中各滴加 1 滴亚甲基蓝溶液，振荡，观察并记录实验现象。

2. 维生素 C 与碘反应

在两支试管中各滴加 1 滴碘溶液和 1 滴 1%淀粉溶液，然后分别向两支试管中滴加 1 滴维生素 C 溶液、1 滴样品提取液，观察并记录实验现象。

3. 稳定性

取样品提取液 2 mL，加热至沸，用饱和碳酸钠溶液调 pH＝8～9 后向其中滴加 1 滴亚甲基蓝溶液，振荡，观察并记录实验现象。

4. 维生素 C 对果蔬的保护作用

切两薄片苹果(或梨)，将其中的一片浸泡于维生素 C 溶液中，一片暴露在空气中，放置 20 min 后，观察并记录实验现象。

五、结果分析

表 5-1 实验数据记录表

序号	项目	实验现象
1	pH	
2	与碱中和反应	
3	与碳酸钠反应	
4	与亚甲基蓝反应	
5	与碘反应	
6	稳定性实验	
7	对果蔬的保护作用	

六、方法说明及注意事项

(1)制备果蔬提取液时,需加入 2%的草酸溶液研磨,也可用 2%的偏磷酸溶液替代。

(2)果蔬提取液如果有颜色,影响结果观察,可用白陶土脱色。

(3)维生素 C 具有还原性,易被空气中的氧气氧化,实验操作需迅速。

思 考 题

1. 维生素 C 在碱性条件下和亚甲基蓝呈什么颜色?酸性条件下什么颜色?为什么?
2. 维生素 C 稳定性影响因素有哪些?

实验二 加工处理对维生素 C 保存率的影响

一、实验目的

1. 了解维生素 C 的化学稳定性及其影响因素,从而理解加工条件下如何能够提高水果蔬菜及其制品中维生素 C 的保存率。
2. 掌握 2,6-二氯靛酚滴定法测定维生素 C 的原理和方法。

二、实验原理

维生素 C 是最不稳定的维生素,极易受到环境条件的影响,低 pH 或存在有机酸类、还原性强的环境、低温等条件都有利于维生素 C 的保存;而氧化剂、中性或碱性条件会加速维生素 C 的损失,维生素 C 具有良好的水溶性,因此会发生溶水流失。

2,6-二氯靛酚是一种具有弱氧化性的染料,它在碱性条件下呈蓝色,酸性条件下呈红色。因此,当用 2,6-二氯靛酚滴定含有抗坏血酸的酸性溶液时,在抗坏血酸尚未全部被氧化时,滴下的 2,6-二氯靛酚立即被还原为无色,抗坏血酸全部被氧化时,则滴下的 2,6-二氯靛酚溶液呈红色。在滴定过程中当溶液从无色转变成粉红色时,表示抗坏血酸全部被氧化,此时即为滴定终点。根据滴定消耗2,6-二氯靛酚的体积,可以计算出被测定样品中抗坏血酸的含量。生物样品中还存在其他还原物质,但使2,6-二氯靛酚变色的速度远远低于维生素C。

三、试剂、仪器和材料

(一)试剂

(1)草酸溶液(2%):称取20 g草酸,用水溶解并稀释至1 000 mL。

(2)氢氧化钠溶液(3 mol/L):称取12 g氢氧化钠,用水溶解并定容至100 mL。

(3)标准抗坏血酸溶液(1 mg/mL):精确称取抗坏血酸100 mg,用适量2%草酸溶液溶解后,移入100 mL容量瓶中,并以2%草酸溶液定容,振摇混匀,临用前配制。

(4)2,6-二氯靛酚溶液:称取52 mg碳酸氢钠溶于200 mL温水中,加入50 mg 2,6-二氯靛酚钠盐,冷却后加水稀释至250 mL,过滤后装入棕色瓶,于4℃冰箱中保存。

(二)仪器设备

(1)电子天平。

(2)可调温电炉。

(3)其他:锥形瓶、研钵、移液管、漏斗、滤纸、纱布(或脱脂棉)、容量瓶、滴定管等。

(三)实验材料

花椰菜、土豆、青椒等。

四、实验步骤

(一)2,6-二氯靛酚溶液标定

取1 mL标准抗坏血酸溶液于三角瓶中,加9 mL 2%草酸溶液用2,6-二氯靛酚溶液滴定至粉红色15 s不褪色,即为终点,同时做空白试验(2%草酸溶液10 mL)并计算出每1 mL染料溶液相当的抗坏血酸毫克数(T)。

$$T=\frac{c\times V}{V_1-V_0}$$

式中:T—2,6-二氯靛酚溶液滴定度,mg/mL;

V_0—空白滴定消耗的染料体积,mL;

V_1—抗坏血酸标准溶液滴定消耗的染料体积,mL;

c—标准抗坏血酸溶液的浓度,mg/mL;

V—移取的标准抗坏血酸溶液的体积,mL。

(二)样品制备

样品按四分法取样,切成1 cm的小块,混匀。

(三)样品处理及提取液制备

1. 提取溶液对维生素C的影响

处理一:取已混合均匀的样品10 g于研钵中,加少量草酸研磨成浆状,转移至100 mL容量瓶中,用2%草酸溶液稀释并定容,混匀后迅速用脱脂棉或纱布过滤。取5.0 mL滤液于锥形瓶中,加入5.0 mL草酸溶液,用已标定的2,6-二氯靛酚滴定至粉红色15 s不褪色,记录滴定消耗染料的体积。

处理二：取已混合均匀的样品 10 g 于研钵中，加少量水研磨成浆状，转移至 100 mL 容量瓶中，用水稀释并定容，混匀后迅速用脱脂棉或纱布过滤。取滤液 5.0 mL 于锥形瓶中，加 5.0 mL 2%草酸溶液，用 2,6-二氯靛酚染料滴定至粉红色 15 s 不褪色，记录消耗染料的体积。

2. 碱性条件对维生素 C 的影响

处理三：另取处理一样品滤液 5.0 mL，加若干滴 3 mol/L NaOH 溶液至溶液 pH>10，摇匀。10 min 后，再加入 2%草酸 5.0 mL，用 pH 试纸检验溶液呈酸性。用 2,6-二氯靛酚滴定溶液至粉红色 15 s 不褪色，记录消耗染料的体积。

3. 空气氧化对维生素 C 的影响

处理四：取混合均匀的样品 10 g 于小烧杯中，在空气中放置 1～2 h，然后按处理一进行。

4. 加热对维生素 C 的影响

处理五：取混合均匀的样品 10 g 于烧杯中，加 40 mL 水在电炉上加热煮沸 2 min，用纱布挤去汁液，菜渣取出后按处理一进行。

5. 水洗对维生素 C 的影响

处理六：取 10 g 混合均匀的样品，加 40 mL 水搅拌，浸泡 15 min，过滤。残渣按处理一进行。

实验用 2%草酸做空白对照。

五、结果分析

表 5-2 实验记录表

处理	起始刻度/mL	终止刻度/mL	滴定液用量/mL	维生素 C 含量/(mg/100 g)	保存率/%
处理一					100
处理二					
处理三					
处理四					
处理五					
处理六					

$$X=\frac{(V_5-V_2)\times T}{m}\times\frac{V_3}{V_4}\times 100$$

式中：X—100 g 样品中含有的抗坏血酸毫克数，mg/100 g；

V_2—滴定空白消耗的染料体积，mL；

V_5—滴定样品消耗的染料体积，mL；

T—1 mL 染料溶液相当于抗坏血酸的毫克数，mg；

V_4—滴定时吸取的样品提取液的体积，mL；

V_3—样品定容体积，mL；

m—样品的质量，g。

比较各处理的维生素 C 含量(保存率)，以处理一的保存率为 100%，得出不同条件对维生素C化学稳定性的影响。

六、方法说明及注意事项

(1)维生素C包括还原型、氧化型和二酮古洛糖酸,本方法测定的是还原型维生素C。

(2)2,6-二氯靛酚溶液应装在棕色瓶中,冰箱中贮存,有效期一周。使用前需重新标定。如果提取液中维生素C含量低,可将2,6-二氯靛酚溶液稀释后使用。

思　考　题

1. 2,6-二氯靛酚滴定法测定维生素C的优、缺点是什么?
2. 在加工和烹调中可以采取什么方法最大限度地保存维生素C?

二维码5-1　加工处理对维生素C保存率的影响(视频)

实验三　维生素B_2稳定性影响因素

一、实验目的

1. 掌握维生素B_2的化学稳定性及其影响因素。
2. 了解维生素B_2作为食品添加剂在使用时需要注意的问题。

二、实验原理

维生素B_2又称核黄素,其生物活性形式是黄素单核苷酸和黄素腺嘌呤二核苷酸,为体内某些酶类辅基的组成部分,当其缺乏时,会影响机体的生物氧化,使代谢发生障碍。

维生素B_2在酸性条件下对热稳定,在中性条件下稳定性下降,在碱性条件下不稳定。维生素B_2在波长440～500 nm光照射下发生黄绿色荧光。在稀溶液中其荧光强度与维生素B_2的浓度成正比。在波长525 nm下测定其荧光强度。试液再加入连二亚硫酸钠,将维生素B_2还原为无荧光的物质,然后再测定试液中残余荧光杂质的荧光强度,两者之差即为试样中维生素B_2所产生的荧光强度。

三、试剂、仪器和材料

(一)试剂

(1)盐酸溶液(50%):量取100 mL浓盐酸,缓慢加入100 mL水中,混匀。

(2)维生素B_2标准贮备液(100 μg/mL):准确称取10 mg(精确至0.1 mg)维生素B_2标准品,加入2 mL盐酸溶液(50%)超声溶解后,立即用水转移并定容至100 mL。混匀后转移入棕色玻璃容器中,在4℃冰箱中贮存。

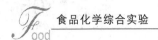

(3)维生素 B_2 标准使用液(1 μg/mL):准确吸取 5 mL 维生素 B_2 标准贮备液,用水稀释并定容至 500 mL,在 4℃冰箱中贮存。

(4)高锰酸钾溶液(30 g/L):准确称取 3 g 高锰酸钾,用水溶解后定容至 100 mL。

(5)过氧化氢溶液(3%):吸取 10 mL 30%过氧化氢,用水稀释并定容至 100 mL。

(6)洗脱液:丙酮-冰乙酸-水(5+2+9,体积比)。

(7)盐酸溶液(0.1 mol/L):吸取 9 mL 盐酸,用水稀释并定容至 1 000 mL。

(8)氢氧化钠溶液(0.1 mol/L):称取 0.4 g 氢氧化钠,用水溶解并稀释至 100 mL。

(9)氢氧化钠溶液(1 mol/L):称取 4 g 氢氧化钠,用水溶解并稀释至 100 mL。

(10)氯化镁溶液(1 mol/L):称取六水合氯化镁 20.33 g,用水溶解并稀释至 100 mL。

(11)氯化铁溶液(1 mol/L):称取六水合氯化铁 27.03 g,用水溶解并稀释至 100 mL。

(12)抗坏血酸溶液(20 g/L):称取 2 g 抗坏血酸,用水溶解并稀释至 100 mL。

(13)连二亚硫酸钠溶液(200 g/L):准确称取 20 g 连二亚硫酸钠,用水溶解后定容至 100 mL。此溶液用前配制,保存在冰水浴中,4 h 内有效。

(二)仪器设备

(1)电子天平。

(2)pH 计。

(3)荧光分光光度计。

(4)可调温电炉。

(5)硅镁吸附剂:1 g,6 mL。

(6)其他:研钵、移液管、烧杯、刻度试管、容量瓶等。

(三)实验材料

维生素 B_2 片。

四、实验步骤

(一)维生素 B_2 的测定

1. 标准溶液的配制

分别吸取维生素 B_2 标准使用液 0.5 mL、1.0 mL、2.0 mL、5.0 mL、10.0 mL、20.0 mL(相当于 0.5 μg、1.0 μg、2.0 μg、5.0 μg、10.0 μg、20.0 μg 维生素 B_2)或取与试样含量相近的单点标准按下述步骤 2 和步骤 3 操作。

2. 氧化去杂质

根据样品中核黄素的含量取一定体积的试样提取液(含 1~10 μg 维生素 B_2)及维生素 B_2 标准使用溶液,分别置于 20 mL 的具塞刻度试管中,加水至 15 mL,各加入 0.5 mL 冰乙酸,混匀,加 0.5 mL 高锰酸钾溶液,摇匀,放置 2 min,氧化去杂质。氧化结束后,滴加 3%过氧化氢溶液数滴,直至高锰酸钾的颜色褪去,剧烈振摇试管,使多余的氧气逸出。

3. 过柱与洗脱

将全部氧化后的样液及标准液通过吸附柱,用约 20 mL 热水淋洗样液中的杂质。然后用 5 mL 洗脱液将试样中维生素 B_2 洗脱至 10 mL 刻度试管中,再用 3~4 mL 水洗吸附柱,洗出液合并至刻度试管中,用水定容至刻度,混匀后待测定。

4. 测定

设置激发光波长 440 nm，发射光波长 525 nm，测量试样管及标准管的荧光值。待试样管及标准管的荧光值测量后，在各管的剩余液(5～7 mL)中加 0.1 mL 连二亚硫酸钠溶液，立即混匀，在 20 s 内测出各管的荧光值，做各自的空白值。

(二)维生素 B_2 提取液的制备

将维生素 B_2 片研碎，称取 0.05 g 粉末，用 2 mL 盐酸溶液(50%)超声溶解后，立即用水转移并定容至 500 mL。

(三)光照对维生素 B_2 稳定性的影响

取 3 支试管，分别加入 5 mL 维生素 B_2 提取液，1 支试管置于暗处，1 支试管放置在阳光直射的地方，1 支试管放在实验室操作台上，1 h 后按上述步骤(一)进行测定。

(四)pH 对维生素 B_2 稳定性的影响

取 5 个烧杯，加入 50 mL 水，分别用盐酸溶液和氢氧化钠溶液调整溶液的 pH 为 1、3、7、11、14。另取 5 支试管，分别加入 5 mL 维生素 B_2 提取液，再加入 5 mL 不同 pH 的溶液，混匀，放置 1 h 后测定。

(五)金属离子对维生素 B_2 稳定性的影响

取 3 支试管，各加入 5 mL 维生素 B_2 提取液，再分别加入 5 mL 氯化钠溶液、氯化镁溶液和氯化铁溶液，混匀，放置 1 h 后进行测定。

五、结果分析

(一)实验记录

表 5-3 实验记录表

标准曲线	荧光值	空白值	处理		荧光值	空白值	含量/(mg/100 g)
0.5			光照	避光			
1.0				阳光			
2.0				日光灯			
5.0			pH	1			
10.0				3			
20.0				7			
线性方程				11			
相关系数				14			
			金属离子	钠离子			
				镁离子			
				铁离子			

(二)结果计算

以标准溶液的量为横坐标，样品的荧光值减去对应的空白荧光值为纵坐标绘制标准曲线。

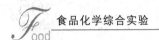

样品的荧光值减去其对应的空白值，代入标准曲线中，计算样品测定液的量。

$$X=\frac{m_s \times V \times 100}{m \times V_1 \times 1\,000} \times f$$

式中：X—样品中维生素 B_2 的含量，mg/100 g；

V—试样总体积，mL；

V_1—试样分取提取，mL；

m_s—从标准曲线上查得的维生素 B_2 的量，μg；

m—样品的质量，g；

f—样品稀释倍数。

六、方法说明及注意事项

(1)如果以食品为样品，提取时需要进行水解、酶解等处理。

(2)如样品处理过程中荧光干扰物较少，可以不用进行空白测定。

思 考 题

1. 不同金属离子对维生素 B_2 的影响有何差异？为什么？

2. 哪些因素对维生素 B_2 稳定性的影响较大？在加工和烹调中可以采取什么方法最大限度地保存维生素 B_2？

实验四　维生素 E 在油脂中的抗氧化作用

一、实验目的

1. 掌握维生素 E 的性质、了解其在油脂中的抗氧化作用原理。
2. 了解液相色谱测定维生素 E 的原理及方法。

二、实验原理

维生素 E 又称生育酚，广泛存在于动植物食品中，常见有 4 种化学结构，即 α-生育酚、β-生育酚、γ-生育酚和 δ-生育酚。油脂在长时间贮藏过程中受光线、空气、温度等因素的影响，容易发生氧化酸败，产生过氧化物和自由基。维生素 E 作为天然的抗氧化剂常被应用于食品中，尤其是用于动植物油脂中以清除生成的自由基。

实验通过模拟油脂的氧化作用研究维生素 E 不同添加量对油脂贮藏稳定性的影响。油脂的氧化酸败程度主要通过测定酸价、过氧化值来比较。过氧化值的测定采用碘量法，即在酸性条件下，油脂中的过氧化物与碘化钾反应生成碘，用硫代硫酸钠滴定生成的碘，根据硫代硫酸钠的用量来计算油脂的过氧化值。酸价的测定是利用酸碱中和反应测定游离脂肪酸的含量，油脂的酸价以中和 1 g 脂肪中游离脂肪酸所消耗的氢氧化钾的毫克数表示。

三、试剂、仪器和材料

(一)试剂

(1)三氯甲烷-冰乙酸溶液(2+3):量取三氯甲烷 200 mL,加入冰乙酸 300 mL,混匀。

(2)乙醚-乙醇溶液(2+1):量取乙醚 200 mL,加入乙醇 100 mL,混匀。

(3)α-维生素 E。

(4)氢氧化钾标准溶液(0.01 mol/L):称取 5.6 g 氢氧化钾,用水溶解并定容至 1 000 mL,配成浓度为 0.1 mol/L 氢氧化钾溶液,临用前稀释 10 倍使用。

(5)碘化钾饱和溶液:称取碘化钾 20 g,加新煮沸冷却的水 10 mL,混匀,贮存于棕色瓶中。

(6)硫代硫酸钠标准溶液(0.01 mol/L):称取 26 g 五水合硫代硫酸钠(或 16 g 无水硫代硫酸钠),加 0.2 g 无水碳酸钠,溶于 1 000 mL 水中,缓缓煮沸 10 min,冷却。放置 2 周后过滤,标定浓度,浓度约 0.1 mol/L,临用前稀释 10 倍使用。

(7)淀粉指示剂(1%):称取 1.0 g 可溶性淀粉,加少量水调成糊状。边搅拌边倒入 100 mL 沸水,再煮沸搅匀后,放冷备用。临用前配制。

(8)酚酞指示剂(1%):称取 1.0 g 酚酞溶于 100 mL 95%乙醇溶液中。

(二)仪器设备

(1)电热鼓风干燥箱。

(2)电子天平。

(3)其他:烧杯、移液管、滴定管、碘量瓶、三角瓶等。

(三)实验材料

菜籽油、葵花籽油等。

四、实验步骤

(一)试样处理

取 4 个 500 mL 烧杯,每个烧杯量取 100 mL 油,按一定量加入维生素 E,使油中维生素 E 浓度分别为 0 mg/L、50 mg/L、200 mg/L、400 mg/L,混合均匀,敞口放置于恒温干燥箱中,设置温度为(60±1)℃加速氧化,每天搅拌一次,一周后每 2 d 取样测定油样的酸价和过氧化值,测定 3 次。

(二)过氧化值的测定

称取上述处理的油样 1~5 g,分别置于 250 mL 碘量瓶中。加入三氯甲烷-冰乙酸混合液 30 mL,轻轻摇动使油脂溶解。加入 1.0 mL 饱和碘化钾溶液迅速盖塞轻摇 30 s,置暗处放 3 min。加水 100 mL,充分摇匀后立即用 0.01 mol/L 硫代硫酸钠标准溶液滴定至浅黄色时,加淀粉指示剂 1.0 mL,继续滴定至蓝色消失为止,记录消耗标准硫代硫酸钠溶液体积 V_1。

另取三氯甲烷-冰乙酸溶液 30 mL、饱和碘化钾溶液 1 mL、水 100 mL,按上述方法做试剂空白试验,记录消耗标准硫代硫酸钠溶液的体积 V_2。

(三)酸价的测定

称取上述处理的油样 1~5 g,分别置于 250 mL 三角瓶中。加入乙醚-乙醇混合液(2+1)

50 mL,摇动三角瓶使之溶解,加入酚酞指示剂 3 滴。用 0.01 mol/L 氢氧化钾溶液滴定至出现微红色 30 s 不褪色,记下消耗氢氧化钾标准溶液的体积 V_3。

另取乙醚-乙醇 50 mL,加入酚酞指示剂 3 滴,按上述方法做试剂空白试验,记录消耗氢氧化钾标准溶液的体积 V_4。

五、结果分析

表 5-4　实验记录表

添加量/(mg/L)	时间	酸价/(mgKOH/g)				过氧化值/%			
		初始读数	终点读数	消耗体积	含量	初始读数	终点体积	消耗体积	含量
	空白								
0	1								
	2								
	3								
50	1								
	2								
	3								
200	1								
	2								
	3								
400	1								
	2								
	3								

(一)结果计算

$$X=\frac{(V_1-V_2)\times c\times 0.1269\times 100}{m}$$

式中:X—样品中过氧化值的含量,g/100 g;

V_1—样品消耗标准硫代硫酸钠溶液体积,mL;

V_2—空白消耗标准硫代硫酸钠溶液体积,mL;

c—硫代硫酸钠标准溶液的浓度,mol/L;

m—油样质量 g;

0.126 9—1 mL 硫代硫酸钠标准溶液相当于碘的克数,g。

$$X=\frac{(V_3-V_4)\times c\times 56.1}{m}$$

式中:X—样品中酸价的含量,mgKOH/g;

V_3—样品消耗氢氧化钾标准溶液体积,mL;

V_4—空白消耗氢氧化钾标准溶液体积,mL;

c—氢氧化钾标准溶液浓度，mol/L；

56.1—氢氧化钾的摩尔质量；

m—油脂质量，g。

（二）结果比较与分析

比较添加不同浓度维生素 E 对过氧化值和酸价的影响。

六、方法说明及注意事项

（1）本实验样品可在实验开始前 2 周准备，加速氧化的样品取样后于 4℃冰箱保存、第 3 周进行测定。

（2）碘化钾饱和溶液应贮存于棕色瓶中，如发现溶液变黄应重新配制。

（3）碘价测定过程应避免在阳光直射下进行。

思　考　题

1. 分析维生素 E 添加量与油中过氧化值及酸价之间的关系？
2. 为什么要测定油脂中酸价和过氧化值？

第六章
酶

实验一 pH、激活剂和抑制剂对酶活性的影响

一、实验目的

1. 掌握 pH 对酶活性的影响。

2. 了解酶促反应的激活与抑制,了解激活剂和抑制剂对酶活性的影响。

二、实验原理

酶的活性受 pH 影响极其显著,通常酶只有在一定的 pH 范围内才表现它的活性。一种酶表现出活性最高时的 pH,称为该酶的最适 pH,低于或高于最适 pH 时,酶的活力逐次降低。不同的酶最适 pH 不同,酶的最适 pH 受底物和缓冲液性质的影响。

本实验主要观察 pH 对唾液淀粉酶活性的影响。在唾液淀粉酶的作用下,淀粉水解,形成一系列被称为糊精的中间产物,最后生成麦芽糖和葡萄糖,糊精遇碘变红色,麦芽糖和葡萄糖遇碘不变色。唾液淀粉酶的最适作用温度为 37～40℃,最适 pH 为 6.8。偏离此最适环境,酶的活性减弱。

酶的活性常受某些物质的影响,有些物质能使酶的活性增加,称为酶的激活剂,有些物质会使酶的活性降低,称为酶的抑制剂。少量的激活剂或抑制剂就会影响酶的活性,且常具有特异性。激活剂和抑制剂不是绝对的,有些物质在低浓度时为某种酶的激活剂,而在高浓度时则为该酶的抑制剂。

实验主要观察抑制剂和激活剂对唾液淀粉酶活性的影响。其中氯化钠可以作为唾液淀粉酶的激活剂,硫酸铜为其抑制剂。但当氯化钠达到 1/3 饱和度时就会抑制唾液淀粉酶的活性。

三、试剂、仪器和材料

(一)试剂

(1)稀释 50 倍的新鲜唾液。

(2)氯化钠溶液(0.3%):称取 0.3 g 氯化钠,用水溶解并稀释至 100 mL。

(3)淀粉溶液(1%):称取 1 g 淀粉,用 0.3%氯化钠溶液稀释至 100 mL。

(4)磷酸氢二钠溶液(0.2 mol/L):称取磷酸氢二钠 28.40 g,用水溶解并定容至 1 000 mL。

(5)柠檬酸溶液(0.1 mol/L):称取一水合柠檬酸 21.01 g,用水溶解并定容至 1 000 mL。

(6)碘化钾-碘溶液:称取碘 13.0 g,加碘化钾 36 g 与水 50 mL 溶解后,稀释至 1 000 mL,摇匀,过滤后使用。

(7)氯化钠溶液(1%):称取 1 g 氯化钠,用水溶解并稀释至 100 mL。

(8)硫酸铜溶液(1%):称取硫酸铜 1 g,用水溶解并稀释至 100 mL。

(9)硫酸钠溶液(1%):称取硫酸钠 1 g,用水溶解并稀释至 100 mL。

(二)仪器设备

(1)恒温水浴锅。

(2)其他:试管、试管夹、移液管、白瓷板、滴管、锥形瓶等。

四、实验步骤

（一）pH 缓冲液的配制

取 4 支三角瓶，分别标号，按表 6-1 制备 pH 5.0～8.0 的缓冲溶液。

表 6-1 缓冲液配制表

瓶号	0.2 mol/L 磷酸氢二钠/mL	0.1 mol/L 柠檬酸/mL	pH
1	5.15	4.85	5.0
2	6.05	3.95	5.8
3	7.72	2.28	6.8
4	9.72	0.28	8.0

（二）pH 对酶活力的影响

取 4 支试管编号，分别取不同 pH 缓冲溶液 3 mL，在 4 支试管中各加入淀粉溶液 2 mL，稀释的唾液 2 mL。向各试管中加入稀释唾液的时间间隔各为 1 min。将各试管内容物混匀，并依次置于 37℃恒温水浴中保温。

在第 4 管中加入唾液 2 min 后，每隔 1 min 从 4 支试管中取出 1 滴混合液，置于白瓷板上，加 1 小滴碘化钾-碘溶液，检测淀粉的水解程度。添加碘化钾-碘溶液的时间间隔，从第 1 管起，也均为 1 min。观察各试管内容物呈现的颜色，分析 pH 对唾液淀粉酶活性的影响。

（三）抑制剂和促进剂对酶活力的影响

取 4 支试管编号，加入淀粉溶液 3 mL，再向 1、2、3、4 号试管中分别加入 1 mL 蒸馏水、1 mL 硫酸铜溶液、1 mL 氯化钠溶液和 1 mL 硫酸钠溶液，再分别加入稀释的唾液 2 mL，混匀，置于 37℃恒温水浴中保温 10～15 min 取出。冷却后，各滴入 2 滴碘化钾-碘溶液，混匀，观察比较各管颜色的深浅。

五、结果分析

表 6-2 实验记录表

pH	现象描述	试剂	现象描述
5.0		水	
5.8		硫酸铜	
6.8		氯化钠	
8.0		硫酸钠	

六、方法说明及注意事项

(1)试管要洁净，所有试剂加量要准确，加好试剂后要摇匀。

(2)不同人唾液中淀粉酶活力不同，可适当调节加入酶的量，但整个过程需保持一致。

思　考　题

1. pH 对酶活性有何影响？什么是酶反应的最适 pH？
2. 激活剂可以分为哪几类？本实验中的氯化钠属于其中哪一类？

实验二　蔗糖酶活力的测定

一、实验目的

1. 学习 3,5-二硝基水杨酸测定还原糖的原理和方法。
2. 掌握酶活力测定及计算方法。

二、实验原理

蔗糖酶是一种水解酶。它能催化非还原性双糖(蔗糖)的 1,2-糖苷键裂解,将蔗糖水解为等量的葡萄糖和果糖。

还原糖在碱性条件下加热被氧化成糖酸及其他产物,而 3,5-二硝基水杨酸被还原为棕红色的 3-氨基-5-硝基水杨酸。在一定范围内,还原糖的量和反应液的颜色深度成正比。利用分光光度计,在波长 540 nm 下测定吸光值,根据标准曲线计算样品中的还原糖和总糖的含量。此法操作简便、迅速,杂质干扰较小。

酶活力单位规定:在特定条件下,每分钟产生 1 μmol 产物所需要的酶量,单位为 U。本实验的蔗糖酶活力单位测定条件为 pH 4.6,温度为 35℃,产物为葡萄糖。

酶活力单位只能做相对比较,并不直接表示酶的绝对量,实际工作中常要测定酶的比活力,即每毫克酶蛋白所具有的酶的活力,一般以 U/mg 蛋白质表示,也可以用 U/mL 酶液表示。对于同一种酶来说,比活力越大,酶的纯度越高。

三、试剂、仪器和材料

(一)试剂

(1)氢氧化钠溶液(2 mol/L):称取氢氧化钠 40 g 用水溶解并稀释至 500 mL。

(2)3,5-二硝基水杨酸溶液(DNS 溶液):称取 3,5-二硝基水杨酸 6.3 g,溶于 262 mL 氢氧化钠溶液中(2 mol/L)混匀,加到 500 mL 含有 185 g 酒石酸钾钠的热水溶液中,再加 5 g 结晶酚和 5 g 亚硫酸钠,搅拌使其溶解,冷却后用水定容至 1 000 mL,贮于棕色瓶中备用。

(3)葡萄糖标准溶液(1 mg/mL):准确称取 80℃烘干至恒重的葡萄糖 100 mg,用水溶解并定容至 100 mL。

(4)蔗糖溶液(5%):称取 5 g 蔗糖,用水溶解并定容至 100 mL。

(5)乙酸缓冲液(0.2 mol/L,pH 4.6):准确称取乙酸钠 27.22 g,加入 11.5 mL 冰乙酸,用水溶解,并定容至 1 000 mL。

(6)氢氧化钠溶液(1 mol/L):称取氢氧化钠 4 g,用水溶解并稀释至 100 mL。

(二)仪器设备

(1)电子天平。

(2)分光光度计。

(3)恒温水浴锅。

(4)其他:试管、量筒、容量瓶、烧杯、移液管等。

(三)实验材料

蔗糖酶。

四、实验步骤

(一)标准曲线的制作

取 7 支 25 mL 刻度试管进行编号,分别加入 0.2 mL、0.4 mL、0.6 mL、0.8 mL、1.0 mL、1.2 mL 葡萄糖标准溶液,再分别加入 1.8 mL、1.6 mL、1.4 mL、1.2 mL、1.0 mL、0.8 mL 水,使各管体积为 2.0 mL。

(二)显色

在各管中加入 1.5 mL DNS 溶液,混匀,同时置于沸水浴中加热 5 min,取出后迅速用流动的水冷却,稀释至 25 mL,摇匀。以空白管调零,在 540 nm 下测定吸光值,以葡萄糖量为横坐标,吸光值为纵坐标,绘制标准曲线。

(三)蔗糖酶活力测定

取 2 支 10 mL 试管进行编号,加入用乙酸缓冲液适当稀释过的酶液 2 mL,1 号试管中加入 0.5 mL 氢氧化钠溶液,摇匀,使酶失活;2 号试管做测定管。

把 2 支试管和 5%的蔗糖溶液放入 35℃水浴中恒温预热 5 min,分别取 2 mL 5%的蔗糖溶液加入 2 支管中,并准确计时,3 min 后在 2 号试管中加入 0.5 mL 氢氧化钠溶液,摇匀,使酶失活。

另取 2 个 25 mL 刻度试管,从 2 个反应管中吸取 0.5 mL 溶液放入试管中,加入 1.5 mL 水,再加入 1.5 mL DNS,混匀。于沸水浴中准确反应 5 min,取出后立即用水冷却,加水稀释至 25 mL,摇匀,于 540 nm 处测定吸光度。

五、结果分析

表 6-3 实验记录表

样品质量: 定容体积: 稀释倍数:

项目	0	1	2	3	4	5	6	7
葡萄糖质量/mg	0	0.2	0.4	0.6	0.8	1.0	1.2	样品
吸光值(A)								
线性方程								
样品中质量/mg								
蔗糖酶的比活力								

$$E=\frac{m\times V\times f}{V_1\times V_2\times t}$$

式中：E—蔗糖酶的比活力，U/mL；

m—从标准曲线上查得的测定管中葡萄糖的质量，mg；

V—反应混合物的体积，mL；

V_2—显色时吸取的反应混合物的体积，mL；

V_1—吸取酶液的体积，mL；

f—酶液的稀释倍数；

t—反应时间，min。

六、方法说明及注意事项

(1)酶活力测定时，要控制好反应时间，各管的酶反应时间要一致，否则会影响整体结果。

(2)加各反应试剂的体积一定要准确，否则也会影响最终结果。

思　考　题

1. 测定时为什么要设计空白管？

2. 为什么要对酶进行稀释，稀释时应注意什么？

实验三　多酚氧化酶的提取及活力测定

一、实验目的

1. 学习多酚氧化酶的提取和纯化方法。

2. 掌握多酚氧化酶活力测定的原理和方法。

二、实验原理

多酚氧化酶是自然界中分布极广的一种含铜氧化酶，存在于植物、动物和某些微生物（主要是霉菌）组织中。多酚氧化酶分子中的 Cu^{2+} 是其重要的辅基，它能够催化酚类物质转变成醌。很多植物受到机械损伤时在空气中会逐渐变成褐色，主要是多酚氧化酶作用于天然底物酚类物质所致。

三、试剂、仪器和材料

（一）试剂

(1)丙酮。

(2)聚乙烯吡咯烷酮（PPVP）。

(3)磷酸氢二钾（0.05 mol/L）：称取 8.7 g 无水磷酸氢二钾，用水溶解并稀释至 1 000 mL。

(4)磷酸二氢钾（0.05 mol/L）：称取 6.8 g 无水磷酸二氢钾，用水溶解并稀释至 1 000 mL。

(5)磷酸缓冲液（pH 7.2）：取磷酸氢二钾溶液 71.7 mL，磷酸二氢钾溶液 28.3 mL，混匀。

(6)儿茶酚溶液（0.15 mol/L）：称取 1.65 g 儿茶酚，用水溶解，转移至 100 mL 容量瓶中定容，混匀。

(二)仪器设备

(1)组织匀浆机。

(2)电子天平。

(3)冷冻离心机。

(4)分光光度计。

(5)其他:烧杯、量筒、移液管、刻度试管等。

(三)实验材料

梨。

四、实验步骤

(一)多酚氧化酶的提取

1. 匀浆提取法

称取 30 g 样品,加 4℃预冷的磷酸缓冲液 40 mL,匀浆、搅拌、静置,反复几次,4℃下 15 000 r/min 离心 15 min,取上清液于 4℃冰箱保存备用。

2. 匀浆后丙酮沉淀

称取 30 g 样品,加 4℃预冷的磷酸缓冲液 40 mL,匀浆、搅拌、静置,反复几次,4℃下 15 000 r/min 离心 15 min。取上清液,缓慢加入 2.5 倍体积的冷冻丙酮(−20℃),搅拌均匀,4℃下 15 000 r/min 离心 15 min,将沉淀物溶于 40 mL 磷酸缓冲液中,再次离心,取上清液于 4℃冰箱保存备用。

3. 丙酮-PVPP 纯化

称取 30 g 样品,加 4℃预冷的磷酸缓冲液 40 mL,匀浆、搅拌、静置,反复几次,4℃下 15 000 r/min 离心 15 min。取上清液,缓慢加入 2.5 倍体积的冷冻丙酮(−20℃),搅拌均匀,4℃下 15 000 r/min 离心 15 min,沉淀物在 4℃下再加入含 2% 的 PVPP 的磷酸缓冲液 40 mL,搅拌 0.5 h,静置,反复几次,在 4℃下 15 000 r/min 离心 15 min,取上清液定容后,于 4℃冰箱保存备用。

(二)酶液吸光度测定

将不同方法得到的酶液用磷酸缓冲液定容至相同体积,在波长 420 nm 处测定吸光度。

(三)多酚氧化酶活力的测定

以儿茶酚为底物,在 1 cm 的比色皿中加入 2.8 mL 磷酸缓冲液,0.1 mL 0.15 mol/L 儿茶酚溶液,混匀,室温下放置 3 min 后,加入 0.1 mL 酶液,迅速混匀后在 420 nm 波长下扫描,每 10 s 记录吸光值的变化,测定 5 min,以吸光值对时间作图,取反应最初直线部分,计算每分钟吸光值的变化值。在上述条件下,以每分钟吸光值改变 0.001 所需酶量为一个酶活。以蒸馏水代替酶液的反应体系作为参比液。

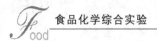

五、结果分析

表 6-4 实验记录表

时间	吸光度	时间	吸光度	时间	吸光度	时间	吸光度	时间	吸光度

$$X = \frac{A_{420} \times V}{m \times V_s \times 0.001 \times t}$$

式中：X—多酚氧化酶的比活力，U/g；

A_{420}—反应时间内吸光度的变化；

m—样品鲜重，g；

t—反应时间，min；

V—提取酶液总体积，mL；

V_s—测定时吸取酶液体积，mL。

六、方法说明及注意事项

（1）多酚氧化酶易失活，提取酶时宜在低温下进行。

（2）在测定酶活力时，所使用的底物溶液一般要求新鲜配制，如预先配制，应放于 4℃冰箱保存。

思 考 题

1. 磷酸缓冲液的作用是什么？
2. 谈谈你对多酚氧化酶活性的认识。

实验四 酶促褐变的影响因素

一、实验目的

1. 了解水果、蔬菜切分后酶促褐变的机理和影响因素。
2. 了解亚硫酸盐、温度、pH、酸度、还原剂等因素对反应速度的影响。
3. 掌握多酚氧化酶活力测定的原理和方法。

二、实验原理

酶促褐变是酚酶催化酚类物质形成醌及其聚合物的反应过程。一般认为，果蔬的酶促褐变主要是由于富含在组织中的多酚氧化酶催化酚类物质的氧化反应所引起的。多酚氧化酶能催化果蔬中游离酚酸的羟基化反应以及羟基酚到醌的脱氢反应，醌在果蔬体内自身缩合或与细胞内的蛋白质反应，产生褐色色素或黑色素。在果蔬体内，多酚氧化酶主要存在于完整细胞的质体（包括叶绿体、有色体和白色体）和微体中，而多酚氧化酶的底物存在于液泡中，处于潜伏状态，在完整的细胞中作为呼吸传递物质，在酚-醌之间保持着动态平衡。当新鲜的果蔬在贮运加工过程中组织被损伤时，氧大量侵入，酶原被激活，酚类物质经酶的催化作用氧化为醌类物质，从而引起褐变反应。

亚硫酸盐或二氧化硫为褐变抑制剂。维生素C具有还原作用，可以将醌类物质还原为酚类物质，阻止其进一步褐变。金属螯合剂可以螯合酚氧化酶的辅基金属离子，对酶促褐变反应的发生有抑制。热烫可抑制酶的活性，从而抑制反应发生。

三、试剂、仪器和材料

（一）试剂

（1）邻苯二酚（0.2 mol/L）：称取2.2 g邻苯二酚，用水溶解并稀释至100 mL。

（2）磷酸氢二钠溶液（0.2 mol/L）：称取磷酸氢二钠（$Na_2HPO_4 \cdot 2H_2O$）35.01 g，用水溶解并稀释至1 000 mL。

（3）柠檬酸溶液（0.1 mol/L）：称取21.01 g柠檬酸（$C_4H_2O_7 \cdot H_2O$）用水溶解，并稀释至1 000 mL。

（4）柠檬酸。

（5）亚硫酸钠。

（6）抗坏血酸。

（7）乙二胺四乙酸二钠。

（8）蔗糖。

（二）仪器设备

（1）电子天平。

（2）分光光度计。

（3）恒温水浴锅。

（4）组织捣碎机。

（5）冷冻离心机。

（6）其他：容量瓶、研钵、刻度试管、烧杯等。

（三）实验材料

苹果、马铃薯、梨等。

四、实验步骤

（一）样品处理

样品事先在冰箱中冷藏，取出后去皮、去核，切块，混合均匀，取100 g样品加入捣碎机中，根据样品不同加入100～200 mL水，捣碎，离心或过滤后，得提取液A；另取100 g样品于100℃的沸水热烫3～5 min，进行灭酶处理，取出放冷后，加入捣碎机中，根据样品不同加入

100～200 mL 水，捣碎，离心或过滤后，得提取液 B（A 是未经过灭酶处理的滤液；B 是经过灭酶处理的滤液）。

（二）pH 对褐变程度的影响

取 14 支试管进行编号，在 1～7 支试管中加入 5.0 mL 提取液 A，用磷酸氢二钠和柠檬酸溶液分别调 pH 为 3.0、4.0、5.0、6.0、7.0、8.0、9.0，混匀。在 8～14 号管中加入 5.0 mL 提取液 B，用磷酸氢二钠和柠檬酸溶液分别调 pH 为 3.0、4.0、5.0、6.0、7.0、8.0、9.0，混匀。管置于 37℃保温 10 min，取出冷却后用水补充至 10 mL，过滤，取滤液在 410 nm 下测定吸光值。

（三）温度对褐变程度的影响

取 4 支试管，分别加入 5 mL 提取液 A，分别于 4℃、25℃、60℃和 80℃水浴中保温 10 min，取出后用水补充至 10 mL，过滤，取滤液在 410 nm 处测定吸光值。

（四）时间对褐变程度的影响

取 4 支试管，分别加入 5 mL 提取液 A，置于 37℃保温 10 min、20 min、40 min、60 min，取出后用水补充至 10 mL，在 410 nm 处测定吸光值。

（五）化学抑制剂对 PPO 的影响

取 5 支试管，加入 5 mL 滤液 A 和 5 mL 磷酸缓冲液（pH 6.5），分别加入 0.05 g 柠檬酸、亚硫酸钠、抗坏血酸、乙二胺四乙酸二钠、蔗糖等，混匀，再加入 10 mL 邻苯二酚溶液混匀后，置于 37℃水浴中保温 10 min，取出冷却后过滤，于 410 nm 处测定 PPO 活性。

五、结果分析

表 6-5 实验记录表

pH 对酶促褐变的影响								
	3.0	4.0	5.0	6.0	7.0	8.0	9.0	
A_{410}								
B_{410}								
ΔA								
温度对酶促褐变的影响					时间对酶促褐变的影响			
	4℃	25℃	60℃	80℃	10 min	20 min	40 min	60 min
A_{410}								
抑制剂对 PPO 活性的影响								
抑制剂								
A_{410}								

六、方法说明及注意事项

（1）样品处理时应控制温度，避免温度过高导致酶失活。

（2）热烫处理的样品用作对照，实验操作要保持各处理的时间一致。

思　考　题

1. 热烫前后酶促褐变有何变化？为什么？

2. 阐述加入柠檬酸、亚硫酸钠、抗坏血酸、乙二胺四乙酸二钠和蔗糖等对酶促褐变的控制机制。

实验五　酶促褐变及其控制

一、实验目的

1. 了解酶促褐变对食品加工和贮存的影响。

2. 了解加工中常用的护色方法。

二、实验原理

食品在加工或贮藏过程中，经常会发生变色现象，不仅影响外观，而且风味与营养也会发生变化。食品受到机械损伤颜色变褐，或较原来变暗的现象统称为褐变。根据其反应机理不同可分为两大类：酶促褐变和非酶促褐变。

酶促褐变多发生于浅色水果、蔬菜中，如苹果、梨、香蕉、马铃薯等经去皮、切分后，放置空气中，很快变色。它的原因是水果、蔬菜中的酚类物质受多酚氧化酶的作用，生成醌类物质，醌类物质聚合形成深颜色物质。在食品加工中一般采取隔氧、调节 pH、热烫、添加维生素 C 和 SO_2 等方法来抑制酶促褐变，达到护色目的。

三、试剂、仪器和材料

(一)试剂

(1)柠檬酸溶液(1%)：称取 1 g 柠檬酸，用水溶解，并稀释至 100 mL。

(2)抗坏血酸溶液(0.5%)：称取 0.5 g 抗坏血酸，用水溶解，并稀释至 100 mL。

(3)氯化钠溶液(1%)：称取 1 g 氯化钠，用水溶解，并稀释至 100 mL。

(4)亚硫酸氢钠溶液(0.4%)：称取 0.4 g 亚硫酸氢钠，用水溶解，并稀释至 100 mL。

(5)邻苯二酚(1%)：称取 1 g 邻苯二酚，用水溶解并稀释至 100 mL。

(二)仪器设备

(1)电子天平。

(2)可调温电炉。

(3)其他：烧杯、量筒、滤纸、白瓷盘等。

(三)实验材料

马铃薯。

四、实验步骤

(一)褐变颜色观察

马铃薯去皮,切成 3 mm 厚的圆片,滴 2～3 滴邻苯二酚,由于多酚氧化酶的存在,使原料变成茶褐色或深褐色的络合物。

(二)隔氧处理

取马铃薯样品切成 3 mm 厚的圆片,分成两份,一份放入 1%氯化钠溶液中浸泡;另一份在室温下放置。15 min 后各取出一片,用滤纸吸干表面水分,滴 2～3 滴邻苯二酚,比较两份样品的外观、色泽。

(三)漂烫处理

取马铃薯样品切成 3 mm 厚的圆片,投入沸水中,再次沸腾时计时,每隔 0.5 min 取出一片,用滤纸吸干表面水分,滴 2～3 滴邻苯二酚,观察 0.5 min、1.0 min、1.5 min、2.0 min 后的变色速度及程度,直至不变色为止,记录各时段变色程度和速度。

(四)pH 影响

取马铃薯样品切成 3 mm 厚的圆片,分别取 3～5 片用柠檬酸溶液、抗坏血酸溶液浸泡,另取一份放在空气中。放置 15 min 后各取一片,用滤纸吸干表面水分,滴 2～3 滴邻苯二酚,观察颜色变化。

(五)亚硫酸盐处理

取马铃薯样品切成 3 mm 厚的圆片,一份放入亚硫酸氢钠溶液中,另一份放在空气中,15 min 后将两份样品进行比较。

五、结果分析

记录并比较不同处理后的颜色变化,并分析其中原因。

六、方法说明及注意事项

(1)去皮操作时注意安全,同时要速度快,避免发生褐变。
(2)切片时尽量薄厚一致,减少样品间的误差。
(3)热烫是在水沸腾后加入,再次沸腾时计时。

思 考 题

1. 亚硫酸盐护色的原理是什么?
2. 热烫护色的原理是什么?

二维码 6-1 酶促褐变及其控制(视频)

实验六　蛋白酶活力测定

一、实验目的

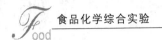

1. 掌握可见分光光度法测定蛋白酶活力的原理和方法。

2. 了解酶活力的计算方法。

二、实验原理

蛋白酶对酪蛋白、乳清蛋白、谷物蛋白等都有很好的水解作用。蛋白酶在一定温度和 pH 条件下，水解酪素底物，产生具有酚基的氨基酸(酪氨酸、色氨酸、苯丙氨酸)。磷钨酸和磷钼酸混合试剂，即福林-酚试剂，碱性条件下极不稳定，易被酚类化合物还原，生成钼蓝和钨蓝，呈蓝色反应。利用这一特色可间接测定蛋白酶活力。

三、试剂、仪器和材料

(一)试剂

(1)福林酚试剂。

(2)碳酸钠溶液(0.4 mol/L)：称取 42.4 g 无水碳酸钠(Na_2CO_3)，加水溶解并定容至 1 000 mL。

(3)三氯乙酸溶液(0.4 mol/L)：称取三氯乙酸 65.4 g，加水溶解并定容至 1 000 mL。

(4)氢氧化钠溶液(0.5 mol/L)：称取 2 g 氢氧化钠，用水溶解并定容至 100 mL。

(5)盐酸溶液(1 mol/L)：量取 9 mL 盐酸，用水稀释并定容至 100 mL。取 1 mol/L 盐酸稀释 10 倍，即配成浓度为 0.1 mol/L 的盐酸溶液。

(6)乳酸缓冲溶液(pH 3.0)，适用于酸性蛋白酶。

甲液：称取乳酸(80%～90%)10.6 g，加水溶解并定容至 1 000 mL。

乙液：称取乳酸钠(70%)16 g，加水溶解并定容至 1 000 mL。

使用溶液：取甲液 8 mL，乙液 1 mL，混匀后稀释一倍，即成 0.05 mol/L 乳酸缓冲溶液。

(7)磷酸缓冲液(pH=7.5)，适用于中性蛋白酶。

称取磷酸氢二钠($Na_2HPO_4 \cdot 12H_2O$)6.02 g 和磷酸二氢钠($NaH_2PO_4 \cdot 2H_2O$)0.5 g，加水溶解并定容至 1 000 mL。

(8)硼酸缓冲溶液(pH=10.5)，适用于碱性蛋白酶。

取甲液 500 mL，乙液 400 mL，混匀，用水稀释至 1 000 mL。

甲液：称取硼酸钠(硼砂)19.08 g，加水溶解并定容至 1 000 mL。

乙液：称取氢氧化钠 4.0 g，加水溶解并定容至 1 000 mL。

(9)酪素溶液(10 g/L)：称取酪素 10 g，用少量 0.5 mol/L 氢氧化钠溶液(若酸性蛋白酶则用浓乳酸 2～3 滴)湿润后，加入磷酸缓冲液约 80 mL，在沸水浴中边加热边搅拌，直至完全溶解，冷却后，转入 100 mL 容量瓶，用磷酸缓冲液稀释至刻度。溶液贮存在冰箱内，有效期为 3 d。

(10)L-酪氨酸标准溶液(100 μg/mL)。

称取预先于105℃干燥至恒重的*L*-酪氨酸0.1 g(准确至0.000 1 g),用1 mol/L盐酸60 mL溶解后定容至100 mL,即为1 mg/mL酪氨酸标准溶液。吸取1 mg/mL酪氨酸标准溶液10.00 mL,用0.1 mol/L盐酸定容至100 mL,即得100 μg/mL *L*-酪氨酸标准溶液。

(二)仪器设备

(1)电子天平。

(2)恒温水浴锅。

(3)分光光度计。

(4)涡旋振荡器。

(5)其他:量筒、容量瓶等。

(三)实验材料

蛋白酶。

四、实验步骤

(一)待测酶液的制备

称取酶粉1～2 g,精确至0.000 2 g(或取液体酶1.00 mL),用少量缓冲液溶解,并用玻璃棒搅拌捣研,将上清液小心倾入100 mL容量瓶中,沉渣部分再加入少量缓冲液,如此捣研3～4次,最后全部移入容量瓶中,用缓冲液定容至刻度,摇匀。通过四层纱布过滤,滤液根据酶活力再用缓冲液稀释至适当浓度,供测试用(稀释至被测试液吸光值在0.25～0.40范围内),稀释倍数参照表6-6。

表6-6　酶粉(或液体酶)稀释倍数参考表

酶的比活力/(万U/g)	总倍数	第一次稀释	第二次稀释
2	2 000	2 g～200 mL(100倍)	5 mL～100 mL(20倍)
3	2 500	2 g～500 mL(250倍)	5 mL～50 mL(10倍)
4	4 000	2 g～200 mL(100倍)	5 mL～200 mL(40倍)
5	5 000	2 g～500 mL(250倍)	5 mL～100 mL(20倍)
8	10 000	2 g～500 mL(250倍)	5 mL～200 mL(40倍)
10	10 000	2 g～500 mL(250倍)	5 mL～200 mL(40倍)

(二)标准曲线的绘制

1. *L*-酪氨酸标准溶液

准确吸取100 μg/mL酪氨酸标准溶液1 mL、2 mL、3 mL、4 mL、5 mL于10 mL容量瓶中,用水定容至刻度。

2. 标准曲线绘制

分别取酪氨酸标准溶液1.00 mL,加入碳酸钠溶液5.0 mL,福林试剂使用液1.00 mL,置于(40±0.2)℃水浴中显色20 min,取出,冷却至室温,用分光光度计于波长680 nm,测定其吸光度,以不含酪氨酸的0管为空白。

以吸光度为纵坐标,酪氨酸的浓度为横坐标,绘制标准曲线,根据回归方程,计算出当吸光度为 1 时的酪氨酸的量(μg),即为吸光度常数 K 值。其 K 值应在 95～100 范围内。

(三)样品测定

将酪素溶液放入(40±0.2)℃恒温水浴中,预热 5 min。取 4 支试管,进行编号,其中 1 号作为空白管,2、3、4 号作为测试管。分别向 1～4 管内加入 1 mL 酶液,然后在 1 号管中加入 2 mL 三氯乙酸,2～4 管中加入 1 mL 酪素,摇匀,40℃保温 10 min。取出试管,冷却至室温后,在 2～4 号管中各加入 2 mL 三氯乙酸,1 号管中加 1 mL 酪素。静置 10 min,过滤沉淀。

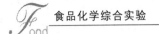

另取 4 支试管编号,各取上述滤液 1 mL,分别加碳酸钠溶液 5 mL、福林酚试剂 1 mL。40℃显色 20 min。取出冷却后在 680 nm 处测定吸光值。以空白管调零点。

五、结果分析

表 6-7 实验记录表

样品质量: 定容体积: 稀释倍数:

处理	酪氨酸浓度/(μg/mL)						样品		
标准溶液	0	10	20	30	40	50	1	2	3
吸光值(A)									
线性方程							平均吸光值		
吸光常数(K)							蛋白酶的比活力		

酶的活力按下列公式计算

$$X=\frac{A\times K\times V\times V_2\times f}{m\times t\times V_1}$$

式中:X—蛋白酶的比活力,U/g;

A—样品平均吸光值;

K—吸光常数;

V—酶液定容体积,mL;

V_1—显色时吸取用酶液体积,mL;

V_2—显色体系总体积,mL;

t—酶解反应时间,min;

f—酶液倍数;

m—称取酶样品的质量,g。

六、方法说明及注意事项

(1)平行试验相对误差不得超过 3%。

(2)根据不同蛋白酶制剂的最适温度,调整反应和显色的温度,如使用 166 中性蛋白酸制剂时,反应与显色温度为(30±0.2)℃。

思 考 题

1. 蛋白酶有哪几类?影响酶活力的因素有哪些?

2. 稀释的酶溶液是否可以长期使用？为什么？

实验七 果蔬中过氧化氢酶活力的测定

一、实验目的

1. 掌握过氧化氢酶活力的测定方法。
2. 了解过氧化氢酶在植物体内的作用原理。

二、实验原理

过氧化氢酶(CAT)属于血红蛋白酶，含有铁，它能催化过氧化氢分解为水和分子氧。可根据过氧化氢的消耗量或氧气的生成量测定该酶活力大小。本实验介绍高锰酸钾滴定法测定过氧化氢酶活力的方法。

在反应系统中加入一定量(反应过量)的过氧化氢，用高锰酸钾标准溶液(在酸性条件下)滴定多余的过氧化氢，即可求出消耗的过氧化氢的量。

三、试剂、仪器和材料

(一)试剂

(1)硫酸溶液(10%)：量取 10.2 mL 浓硫酸，缓慢加入 89.8 mL 水中，搅拌，混匀。

(2)高锰酸钾标准溶液(0.1 mol/L)：称取 3.160 5 g 高锰酸钾，用新煮沸冷却的蒸馏水溶解，并定容至 1 000 mL，用基准草酸钠标定。此溶液临用前需重新标定。

(3)磷酸缓冲液(pH 7.8)。

(4)过氧化氢溶液(0.1 mol/L)：量取 1.2 mL 30%的过氧化氢，用水稀释至 100 mL。

(二)仪器设备

(1)电子天平。

(2)恒温水浴锅。

(3)可控温电炉。

(4)其他：研钵、烧杯、三角瓶、滴定管、容量瓶等。

(三)实验材料

水果或蔬菜。

四、实验步骤

(一)过氧化氢粗酶提取

称取试样 3～5 g，加入少量的磷酸缓冲液，研磨成匀浆，转移至 25 mL 容量瓶中，用缓冲液冲洗研钵数次，并将冲洗液转入容量瓶中，定容。将提取液转移至 50 mL 离心管中，4 000 r/min 离心 15 min，上清液即为过氧化氢粗提液。

(二)粗酶液灭活

取粗酶液 10 mL 于试管中，在沸水浴中加热 10 min 后取出，冷却至室温。

(三)测定

取 4 个 50 mL 三角瓶，编号，在 1、2 号中加入粗提酶液 2.5 mL，3、4 号中加入失活粗提酶液 2.5 mL，再加入过氧化氢溶液 2.5 mL，同时计时，将 4 个三角瓶置于 30℃恒温水浴中保温 10 min，取出后立即加入硫酸溶液 2.5 mL。

用 0.1 mol/L 高锰酸钾标准溶液滴定至出现粉红色，30 min 内不褪色为终点。

五、结果分析

表 6-8　实验记录表

样品质量：　　　　定容体积：　　　　稀释倍数：

处理	高锰酸钾体积/mL			酶活力
	初始刻度	终点刻度	消耗量	
1				
2				
3				
4				

$$X=\frac{(V_2-V_3)\times V\times 1.7}{m\times t\times V_1}$$

式中：X—过氧化氢酶的比活力，U/g；

V—提取酶液总体积，mL；

V_1—反应所用酶液体积，mL；

V_2—对照消耗高锰酸钾标准溶液的体积，mL；

V_3—样品消耗高锰酸钾标准溶液的体积，mL；

m—样品的鲜样质量，g；

t—反应时间，min；

1.7—1 mL 0.1 mol/L 高锰酸钾标准溶液相当于过氧化氢的毫克数。

六、方法说明及注意事项

(1)酶的提取过程要迅速，温度不宜过高。

(2)酶反应结束后要立即加入硫酸溶液。

思　考　题

1. 影响过氧化氢酶活力测定的因素有哪些？
2. 反应结束后加入硫酸溶液的目的是什么？

第七章

色　　素

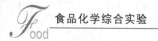

实验一　胡萝卜素的提取、分离及测定

一、实验目的

1. 掌握总胡萝卜素提取方法。
2. 了解β-胡萝卜素的分离及测定方法。

二、实验原理

类胡萝卜素是四萜类化合物，由异戊二烯单位组成，按其结构特征分为胡萝卜素类和叶黄素类，其中胡萝卜素类包括α-胡萝卜素、β-胡萝卜素、γ-胡萝卜素和番茄红素。以丙酮和石油醚提取食物中的胡萝卜素及其他植物色素，以石油醚为展开剂进行纸层析，胡萝卜素极性最小，移动速度最快，从而与其他色素分离，剪下含胡萝卜素的区带，洗脱后于波长 450 nm 下定量测定。

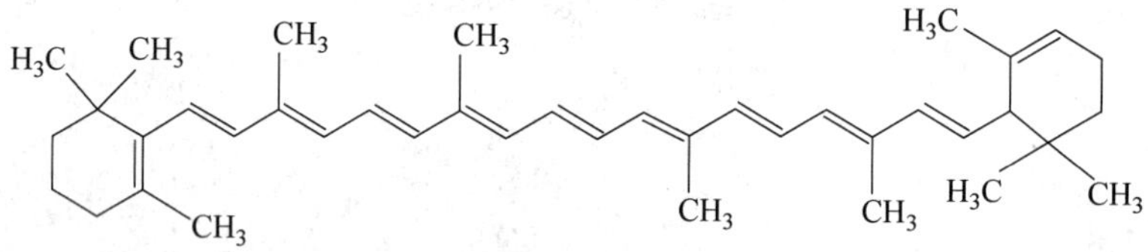

α-胡萝卜素分子结构

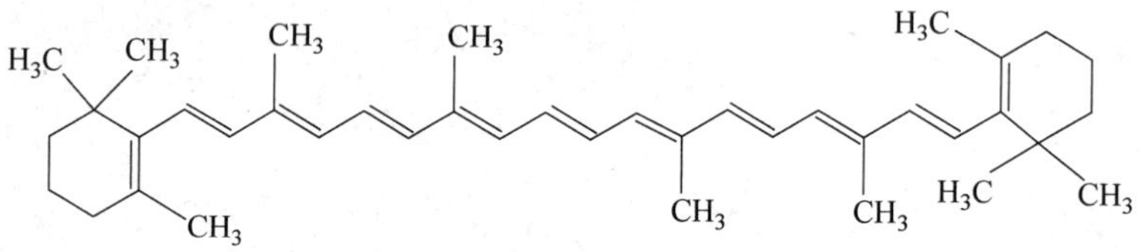

β-胡萝卜素分子结构

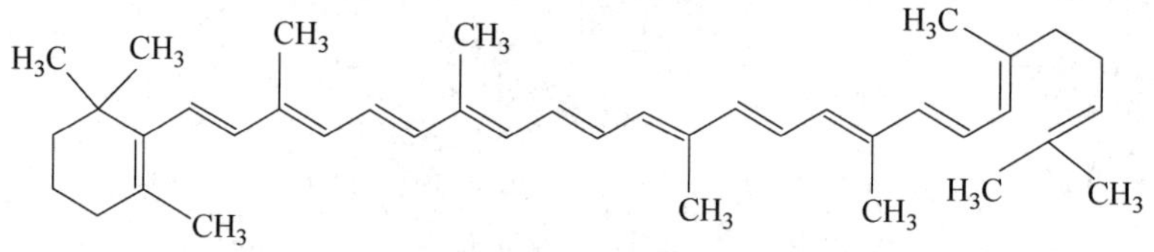

γ-胡萝卜素分子结构

三、试剂、仪器和材料

(一)试剂

(1)丙酮。

(2)石油醚。

(3)β-胡萝卜素标准液(500 μg/mL)：准确称取β-胡萝卜素标样 5 mg，用二氯甲烷溶解，并定容至 50 mL。标准溶液的浓度按下列方法进行校正。

取标准溶液 10.0 μL，加正己烷 3.00 mL，混匀，用 1 cm 比色皿，正己烷为空白，在波长 450 nm 下测定吸光值，平行测定 3 份，取平均值。

$$X_1 = \frac{A}{E} \times \frac{3.01}{0.01}$$

式中：X_1—胡萝卜素标准溶液浓度，μg/mL；

A—吸光值；

E—β-胡萝卜素在正己烷溶液中，检测波长在 450 nm，比色皿厚度为 1 cm，溶液浓度为 1 mg/L 的吸光系数为 0.263 8；

0.01，3.01—测定过程中稀释倍数的换算。

(4)β-胡萝卜素标准使用液(50 μg/mL)：将已标定的标准液用石油醚准确稀释后，配成浓度为 50 μg/mL 标准工作溶液，避光保存于冰箱中。

(二)仪器设备

(1)电子天平。

(2)旋转蒸发仪。

(3)组织捣碎机。

(4)分光光度计。

(5)层析缸。

(6)其他：容量瓶、刻度试管、分液漏斗、漏斗、移液管、滤纸、点样器等。

(三)实验材料

胡萝卜、菠菜等。

四、实验步骤

(一)样品处理

取样品的可食部分洗净切碎，用组织捣碎机制成匀浆。称取 1～5 g 样品于 100 mL 具塞三角瓶中，加入丙酮 20 mL，石油醚 5 mL，振荡 1 min，静置 5 min，将上层提取液转移至分液漏斗中。再向三角瓶中加入 10 mL 丙酮-石油醚(2∶1)混合溶液，振荡 1 min，静置 5 min，将上层提取液转移至分液漏斗中。如此反复提取残渣 3～4 次，直到提取液无色。

(二)净化

将提取液转移至分液漏斗中，同时加适量水，剧烈振荡，静置分层后，去掉水相，有机相用 15 mL 水反复洗涤 2～3 次，弃去水相。将滤纸置于漏斗上，在滤纸中加入 5 g 无水硫酸钠，石油醚通过无水硫酸钠，过滤至旋转蒸发瓶中，用少量石油醚分数次冲洗分液漏斗和无水硫酸钠层的色素，洗涤液并入蒸发瓶中。

(三)浓缩

将旋转蒸发瓶置于旋转蒸发仪中，在 60℃水浴中减压蒸发至 1 mL 左右，转入刻度试管中，用石油醚稀释至 2 mL。

(四)纸层析分离

(1)点样：在 18 cm×30 cm 滤纸下端距底边 4 cm 处画一直线，在线上标记 A、B 两点，吸取 0.100～0.400 mL 浓缩液和 β-胡萝卜素标准液迅速点样。

(2)展开：待纸上所点样液自然挥发干后，将滤纸卷成圆筒状，置于预先用石油醚饱和的层析缸中，进行上行展开。

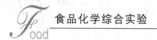

(3)洗脱：待胡萝卜素与其他色素完全分开后，取出滤纸自然挥发干石油醚，将位于展开剂前沿的胡萝卜素层析带剪下，立即放入盛有 5 mL 石油醚的具塞试管中，用力振摇，使胡萝卜素完全溶入溶剂中。

(4)测定：用 1 cm 比色杯，以石油醚调节零点，于 450 nm 波长下测吸光度，从标准曲线上查出β-胡萝卜素的含量。

(五)标准曲线绘制

取β-胡萝卜素标准使用液 1 mL、2 mL、3 mL、4 mL、6 mL 和 8 mL 分别置于 100 mL 具塞三角瓶中，按样品测定步骤进行操作，点样体积为 0.100 mL，标准曲线各点胡萝卜素含量依次为 2.5 μg、5.0 μg、7.5 μg、10 μg、15 μg 和 20 μg。以胡萝卜素含量为横坐标，以吸光度为纵坐标绘制标准曲线。

五、结果分析

样品中胡萝卜素含量，以β-胡萝卜素计，按下式计算：

$$X_2 = \frac{c \times V_2 \times 100}{V_1 \times m \times 1\ 000}$$

式中：X_2—样品中胡萝卜素的含量，以β-胡萝卜素计，mg/100 g；

c—在标准曲线上所查得的胡萝卜素的含量，μg；

V_1—点样体积，mL；

V_2—样品提取液浓缩后的定容体积，mL；

m—样品质量，g。

六、方法说明及注意事项

(1)β-胡萝卜素遇光和氧都会迅速破坏，样品应避光保存，β-胡萝卜素标准工作溶液要临时配制。

(2)振荡时如果出现乳化，可以加入饱和氯化钠溶液进行破乳。

(3)样品中胡萝卜含量较低时，可在 0～2.50 μg 间增加标样点，绘制低浓度标准曲线。

思 考 题

1. 如何减少胡萝卜素在提取过程中的损失？
2. 无水硫酸钠的作用是什么？

实验二 叶绿素的稳定性影响因素分析

一、实验目的

1. 掌握分光光度法测定蔬菜中叶绿素含量的方法。
2. 了解加工过程中影响叶绿素稳定性的因素。

二、实验原理

叶绿素是能进行光合作用的生物体内含有的一类绿色色素，广泛存在于植物组织，特别是叶片的叶绿体内。高等植物中有两种叶绿素即叶绿素 a 和叶绿素 b，这两种叶绿素共存，其分子结构中有四个吡咯环组成的一个卟啉环和一个叶绿醇的侧链。叶绿素不溶于水，易溶于丙酮、石油醚、正己烷等有机溶剂。用有机溶剂提取叶绿素，并在一定波长下测定叶绿素溶液的吸光度，利用 Arnon 公式计算叶绿素含量。

叶绿素对热、光、酸等不稳定，在加工和储藏中很容易被破坏，因此，需要采取护色方法减少其变化。常用的护色方法有烫漂，灭酶，排除组织中的氧，防止氧化，加入 Cu^{2+}、Fe^{2+}、Zn^{2+} 等离子，添加叶绿素铜钠，低温、冷冻干燥脱水，低温、避光储藏等。

三、试剂、仪器和材料

（一）试剂

（1）丙酮溶液(80%)：量取 800 mL 丙酮，加入 200 mL 水，混匀。

（2）碳酸钙。

（3）硫酸铜溶液(0.1 mol/L)：称取 24.97 g 五水硫酸铜，用水溶解并稀释至 100 mL。

（4）硫酸锌溶液(0.1 mol/L)：称取 28.76 g 七水硫酸锌，用水溶解并稀释至 100 mL。

（5）硫酸亚铁溶液(0.1 mol/L)：称取 27.80 g 七水硫酸亚铁，用水溶解并稀释至 100 mL。

（6）亚硫酸钠溶液(0.1 mol/L)：称取 12.60 g 亚硫酸钠，用水溶解并稀释至 100 mL。

（7）氢氧化钠溶液(0.1 mol/L)：称取 4 g 氢氧化钠，用水溶解并稀释至 100 mL。

（8）盐酸溶液(0.1 mol/L)：量取 9 mL 浓盐酸，用水稀释至 1 000 mL。

（二）仪器设备

（1）分光光度计。

（2）电子天平。

（3）恒温水浴锅。

（4）其他：容量瓶、研钵、漏斗、移液管、具塞刻度试管、滴管、滤纸、试管架等。

（三）实验材料

菠菜、油菜等。

四、实验步骤

（一）叶绿素提取

准确称取 1.00 g 蔬菜样品于研钵中，加入少许碳酸钙(约 0.5 g)，充分研磨成匀浆，加入 80%丙酮溶液研磨后，将上清液转入 100 mL 容量瓶中，再用 80%丙酮分几次洗涤研钵和残渣，并转入容量瓶中，用 80%丙酮定容至 100 mL。充分振摇后，用滤纸过滤。

（二）酸、碱对叶绿素稳定性的影响

取 3 个 15 mL 具塞刻度试管，各加入 5 mL 叶绿素提取液，再分别加入 0.4 mL 的蒸馏水、盐酸溶液和氢氧化钠溶液，混匀。观察并记录提取液的颜色变化情况。用 80%丙酮调整

零点，以 1 cm 比色皿 652 nm 波长下测定其吸光度。

(三)光照对叶绿素稳定性的影响

取 2 个 15 mL 具塞刻度试管，各加入 5 mL 叶绿素提取液，一个置于太阳光下照射 1 h，1 个在避光处放置 1 h，取出后用丙酮补充体积至 5 mL，观察并记录提取液的颜色变化情况，用 80%丙酮调整零点，以 1 cm 比色皿 652 nm 波长下测定其吸光度。

(四)温度对叶绿素的影响

取 4 个具塞刻度试管，分别加入 5 mL 叶绿素提取液，1 个在常温下放置，另外 3 个分别在 40℃、60℃和 80℃的水浴中加热 5 min，冷却至室温，加丙酮补充体积至 5 mL，静置或过滤，待上清液澄清后，观察并记录提取液的颜色变化情况，并在 652 nm 波长下测定其吸光度。

(五)护绿试验

取 5 个 15 mL 具塞刻度试管，在各管中加入 5 mL 叶绿素提取液，再分别加入 1.0 mL 的蒸馏水、亚硫酸钠溶液、硫酸锌溶液、硫酸铜溶液和硫酸亚铁溶液，混匀。60℃水浴中保温 1 h，取出，冷却至室温，静置或过滤，待上清液澄清后，观察并记录提取液的颜色变化情况，用 80%丙酮调整零点，在 652 nm 波长下测定其吸光度。

(六)叶绿素的测定

取滤液分别于 645 nm、663 nm 和 652 nm 波长下，以 80%丙酮调整零点，以 1 cm 比色皿测定其吸光度。溶液的浓度应使吸光度在 0.2～0.7 范围内为最佳，当试样溶液的吸光值大于 0.7 时，可用 80%丙酮稀释到适当浓度，然后测定，记录测定数据。

五、结果分析

表 7-1　实验记录表

处理		现象描述	吸光度 (652 nm)	备注
酸碱	水(对照)			
	酸			
	碱			
光照	避光			
	光照			
温度	室温			
	40℃			
	60℃			
	80℃			

续表 7-1

处理		现象描述	吸光度 (652 nm)	备注
护色处理	水			
	亚硫酸盐			
	硫酸锌			
	硫酸铜			
	硫酸亚铁			
含量	叶绿素 a		$A_{663\ nm}$	
	叶绿素 b		$A_{645\ nm}$	
	总叶绿素		$A_{652\ nm}$	

按照 Arnon 公式分别计算样品中叶绿素 a、叶绿素 b 和总叶绿素含量。

$$X_a = \frac{12.7 \times A_{663\ nm} - 2.69 \times A_{645\ nm}}{m \times 1\ 000} \times V$$

$$X_b = \frac{22.9 \times A_{645\ nm} - 4.68 \times A_{663\ nm}}{m \times 1\ 000} \times V$$

$$X = \frac{20.21 \times A_{645\ nm} + 8.02 \times A_{663\ nm}}{m \times 1\ 000} \times V$$

如果只测定总叶绿素含量可测定 652 nm 波长下的吸光度，按照下式计算。

$$X = \frac{A_{652\ nm} \times V}{m \times 34.5}$$

式中：X_a—叶绿素 a 含量，mg/g；

X_b—叶绿素 b 含量，mg/g；

X—叶绿素总含量，mg/g；

m—样品质量，g；

V—叶绿素提取液体积，mL。

六、方法说明及注意事项

(1)光照和高温会使叶绿素氧化和分解，在提取过程中，尽可能在弱光和低温下进行，并缩短处理时间。

(2)所计算出的叶绿素含量单位为 mg/g。当叶绿素含量低，可乘以 1 000 倍，单位变为 μg/g。

(3)叶绿素 a 和叶绿素 b 在波长 652 nm 的吸收峰相交，测定总叶绿素时，可以只测定波长 652 nm 下的吸光度。

(4)如条件允许，可对实验过程中不同处理的样品进行波长扫描，观察吸收曲线的变化。

思考题

1. 叶绿素在酸、碱介质中稳定性如何？

2. 比较不同处理的护色效果。

3. 试说明日常生活中炒青菜时，若加水熬煮时间过长，或加锅盖或加醋，所炒青菜容易变黄的原因？你认为应该如何才能炒出一盘鲜绿可口的青菜？

实验三　辣椒红色素稳定性影响因素

一、实验目的

1. 掌握辣椒中辣椒红色素的结构、性质。

2. 了解影响辣椒红素稳定性的因素。

二、实验原理

辣椒红色素是一种天然的食用色素，存在于成熟红辣椒果实中，在食品、医药、化妆品和饲料等领域有着广泛的应用价值。辣椒红色素不是单一化合物，而是混合物，其中主要成分有辣椒红素和辣椒玉红素，占总量的50%～60%。

辣椒红色素易溶于丙酮、三氯甲烷、正己烷、乙醇等有机溶剂，不溶于水和甘油。以辣椒果皮及其制品为原料，经萃取、过滤、浓缩等处理后，得到辣椒红色素粗产品。辣椒红素在460 nm有最大吸收峰，通过测定处理后溶液的吸收值与对照溶液的吸收值，初步评价不同处理对辣椒红素稳定性的影响。

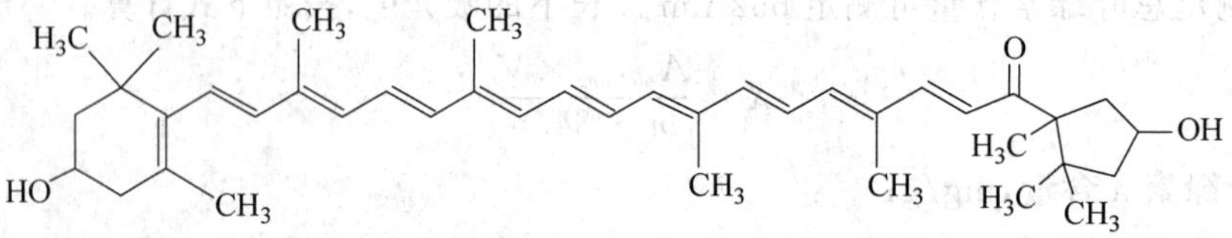

辣椒红素

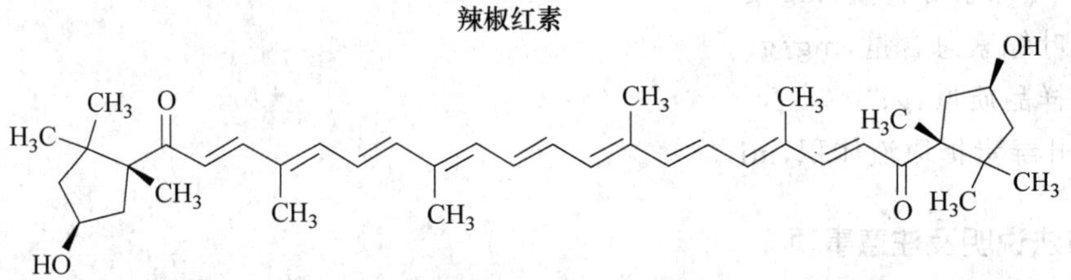

辣椒玉红素

三、试剂、仪器和材料

(一)试剂

(1) 95%乙醇。

(2)无水硫酸钠。

(3)正己烷。

(4)氢氧化钾-甲醇溶液(40%)：称取 40 g 氢氧化钾，用甲醇溶解并稀释至 100 mL。

(5)氯化钠溶液(10%)：称取 10 g 氯化钠，用水溶解并稀释至 100 mL。

(6)盐酸溶液(0.1 mol/L)：量取 9 mL 浓盐酸，用水稀释至 1 000 mL。

(7)氢氧化钠溶液(1 mol/L):称取 4 g 氢氧化钠,用水溶解并稀释至 100 mL。

(8)硫酸铜溶液(0.1 mol/L):称取 24.97 g 五水硫酸铜,用水溶解并稀释至 1 000 mL。

(9)硫酸锌溶液(0.1 mol/L):称取 28.76 g 七水硫酸锌,用水溶解并稀释至 1 000 mL。

(10)硫酸亚铁溶液(0.1 mol/L):称取 27.80 g 七水硫酸亚铁,用水溶解并稀释至 1 000 mL。

(11)抗坏血酸(2 g/L):称取 0.2 g 抗坏血酸,用水溶解并稀释至 100 mL。

(二)仪器设备

(1)粉碎机。

(2)超声波清洗仪。

(3)旋转蒸发仪。

(4)水浴锅。

(5)分光光度计。

(6)其他:移液管、具塞刻度试管、容量瓶等。

(三)实验材料

干红辣椒。

四、实验步骤

(一)辣椒红素的提取

称取 1.0 g 粉碎后的辣椒粉,加入 95%乙醇 20 mL,超声提取 25 min,超声温度为 35℃,取出后在 3 500 r/min 离心 10 min,取上清液备用。

(二)辣椒红素的净化

将上清液转移至分液漏斗中,加入氢氧化钾-甲醇溶液 4 mL,摇匀,静置皂化 1 h,加入正己烷 20 mL,氯化钠溶液 20 mL,振荡,待下层溶液呈无色,分层明显后,弃去下层溶液,再用氯化钠溶液清洗几次,弃去下层液,正己烷层经无水硫酸钠脱水后,过滤于旋转蒸发瓶中,蒸发溶剂至近干,用丙酮定容至 50 mL。

(三)辣椒红素的稳定性

1. 温度对辣椒红素稳定性的影响

分别吸取 2 mL 辣椒红素样品溶液于 6 个刻度试管中,分别置于室温、40℃、50℃、60℃、70℃和 80℃的水浴锅中加热 30 min,用丙酮稀释至 5 mL,观察并记录其颜色变化,以丙酮调零,测定溶液的吸光值,以室温处理的提取液为对照。

2. pH 对辣椒红素稳定性的影响

分别吸取 2 mL 辣椒红素样品溶液于 5 个刻度试管中,用盐酸溶液和氢氧化钠溶液调整 pH 分别为 pH 3、pH 5、pH 7、pH 9、pH 12,用丙酮稀释至 5 mL,观察并记录其颜色变化,测定溶液的吸光度。

3. 光照对辣椒红素稳定性的影响

分别吸取 2 mL 辣椒红素样品溶液于 2 个刻度试管中,用丙酮稀释至 5 mL。一个置于日光下,一个放置于暗处,每隔 24 h 观察并记录其颜色变化。

4. 氧化还原剂对辣椒红素稳定性的影响

分别吸取 2 mL 辣椒红素样品溶液于 4 个刻度试管中,分别加入 0.5 mL、1 mL 过氧化氢和 0.5 mL、1 mL 抗坏血酸溶液，用丙酮稀释至 5 mL，观察并记录颜色变化。

5. 金属离子对辣椒红素稳定性的影响

分别吸取 2 mL 辣椒红素样品溶液于 4 个刻度试管中，分别加入 0.5 mL 水、硫酸铜溶液、硫酸锌溶液和硫酸亚铁溶液，用丙酮稀释至 5 mL，观察并记录颜色变化。

五、结果分析

$$X = \frac{A_1}{A_0} \times 100\%$$

式中：X—为样品的保存率，%；

A_1—样品的吸光度；

A_0—对照样品的吸光度。

六、方法说明及注意事项

(1)提取过程丙酮易挥发，及时补充。

(2)用无水硫酸钠脱水时，要用正己烷多次洗涤无水硫酸钠，避免色素损失过多。

(3)样品中辣椒红素含量高时需要用丙酮稀释，含量低时需增加称样量。

思 考 题

1. pH、金属离子是否对辣椒红色素稳定性产生影响？为什么？
2. 色素在提取过程中应注意哪些问题？
3. 提高天然色素稳定性的方法有哪些？

实验四　肉中肌红蛋白稳定性实验

一、实验目的

1. 掌握温度、盐浓度和 pH 等对肌红蛋白稳定性的影响。
2. 了解肉的颜色反应过程及加工处理对色泽的影响。

二、实验原理

动物体内的血红素主要有肌红蛋白和血红蛋白两种，其中肌肉中以肌红蛋白为主，血液中以血红蛋白为主。肌红蛋白由球蛋白和血红素组成，血红素是一种卟啉类化合物，卟啉中心有 1 个铁离子与 4 个氮原子配位结合。肌红蛋白有 3 种主要的存在形式，分别是脱氧肌红蛋白(Mb)、氧合肌红蛋白(MbO_2)和高铁肌红蛋白(MetMb)。肌红蛋白为暗红色，血红素与氧结合时为氧合血红蛋白，颜色鲜红色；血红素的二价亚铁离子氧化为三价铁离子时，为高铁血红蛋白，颜色为红褐色。肌肉中三者的相对含量决定了肉的色泽。当肌肉中的氧合肌红蛋白超过 50%时，肌肉的颜色变为红褐色。刚屠宰后猪肉中 Mb 尚未与氧气结合，在 555 nm 处有吸收峰，当与氧气结合后在波长 535～545 nm 和波长 575～585 nm 下有最大吸收峰，当二价铁被氧化成三价铁时，波长 505 nm 吸收增加，波长 550 nm 吸收下降。影响高铁肌红蛋白产生的因素有以下几个方面：肌肉的贮藏温度和 pH、氧分压的大小、氧化物质的产生和宰后微生物侵染等。

$H_2C=HC$ CH_3
H_3C $CH=CH_2$
N N
Fe
N N
H_3C CH_3
$HOOCH_2CH_2C$ CH_2CH_2COOH

血红素的结构

三、试剂、仪器和材料

（一）试剂

（1）磷酸氢二钠溶液（0.2 mol/L）：称取 35.01 g 磷酸氢二钠（$Na_2HPO_4 \cdot 2H_2O$），用水溶解并定容至 1 000 mL。

（2）柠檬酸溶液（0.1 mol/L）：称取 21.01 g 柠檬酸（$C_4H_2O_7 \cdot H_2O$）用水溶解并定容至 1 000 mL。

（3）缓冲液的配制

pH 为 4.0 的缓冲溶液：取 77.1 mL 磷酸氢二钠溶液和 122.9 mL 柠檬酸溶液，混匀。

pH 为 5.6 的缓冲溶液：取 116 mL 磷酸氢二钠溶液和 84 mL 柠檬酸溶液，混匀。

pH 为 6.6 的缓冲溶液：取 145.5 mL 磷酸氢二钠溶液和 54.5 mL 柠檬酸溶液，混匀。

pH 为 7.6 的缓冲溶液：取 187.3 mL 磷酸氢二钠溶液和 12.7 mL 柠檬酸溶液，混匀。

（4）氯化钠溶液配制

2%氯化钠溶液：称取 4 g 氯化钠，用水溶解并稀释至 200 mL，混匀。

4%氯化钠溶液：称取 8 g 氯化钠，用水溶解并稀释至 200 mL，混匀。

6%氯化钠溶液：称取 12 g 氯化钠，用水溶解并稀释至 200 mL，混匀。

8%氯化钠溶液：称取 16 g 氯化钠，用水溶解并稀释至 200 mL，混匀。

（二）仪器设备

（1）电子天平。

（2）电热鼓风干燥箱。

（3）紫外可见分光光度计。

（4）组织捣碎机。

（5）恒温水浴锅。

（6）pH 计。

（7）离心机。

（8）其他：容量瓶、烧杯、离心管等。

（三）实验材料

新鲜猪肉、牛肉等，取纯瘦肉。

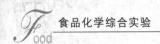

四、实验步骤

(一)感官评价

取一块新鲜猪肉，进行颜色感官评定，每隔 1 h 观察一次，并记录颜色，按表 7-2 进行评分。

表 7-2 猪肉颜色评分标准

颜色	灰白色	淡粉红色	粉红色	深红色	紫红色	暗红色
分值	1.0	2.0	3.0	4.0	5.0	6.0

(二)氯化钠对猪肉肌红蛋白稳定性影响

取新鲜猪肉 4℃保存，使用前取出，切块，用组织捣碎机迅速捣碎，捣碎过程尽量在短时间内完成，避免升温。

分别称取 2 g 捣碎后的样品，置于 4 个 50 mL 离心管中，分别加入 2%、4%、6%和 8%氯化钠溶液 20 mL，样品分散均匀后，盖上盖子，置于 0～4℃冰箱中浸提 24 h，取出后放入离心机中，以 4 000 r/min 离心 15 min，取上清液，在 450～700 nm 波长范围内进行扫描，并测定 542 nm 和 700 nm 吸光度。计算肌红蛋白的浓度。

(三)温度对猪肉肌红蛋白稳定性影响

分别称取 2 g 捣碎后的样品，置于 4 个 50 mL 离心管中，加入 4%氯化钠溶液 20 mL，样品分散均匀后，盖上盖子，置于 30℃、40℃、50℃、60℃水浴中，保持 20 min，取出后在冰水中迅速冷却至 0℃，以 4 000 r/min 离心 15 min，取上清液，在波长 450～700 nm 范围内进行扫描，并测定在波长 542 nm 和在波长 700 nm 的吸光度，计算肌红蛋白的浓度。

(四)pH 对肌红蛋白稳定性的影响

分别称取 2 g 捣碎后的样品，置于 4 个 50 mL 离心管中，加入 pH 为 4.0、5.6、6.6 和 7.6 的缓冲溶液，样品分散均匀后，盖上盖子置于 0～4℃冰箱中浸提 24 h，取出后 4 000 r/min 离心 15 min。取上清液，在 450～700 nm 波长范围内进行扫描，并测定 542 nm 和 700 nm 吸光值，计算肌红蛋白的浓度。

(五)亚硝酸盐对肌红蛋白稳定性的影响

分别称取 2 g 捣碎后的样品，置于 4 个 50 mL 离心管中，加入 4%氯化钠溶液 20 mL，再分别加入 20 μL、50 μL、100 μL 和 150 μL 亚硝酸盐溶液，样品分散均匀后，盖上盖子，置于 0～4℃冰箱中浸提 24 h，取出后以 4 000 r/min 离心 15 min，取上清液，在 450～700 nm 波长范围内进行扫描，并测定 542 nm 和 700 nm 吸光值，计算肌红蛋白的浓度。

五、结果分析

肌红蛋白浓度按下式计算：

$$X=(A_{542}-A_{700})\times 2.303$$

式中：X—肌红蛋白的浓度，mg/mL；

A_{542}—浸提液在 542 nm 下的吸光度；

A_{700}—浸提液在 700 nm 下的吸光度。

六、方法说明及注意事项

(1)新鲜样品应于冰箱中低温保存,避免发生变化。

(2)实验过程操作应迅速,样品称取后,在溶液中应尽量分散均匀,避免结团。

思 考 题

1. 为何猪肉放置过程中颜色会发生变化?
2. 常见影响猪肉颜色的因素有哪些?
3. 亚硝酸盐护色的机理是什么?

实验五 pH 对紫甘薯中花青素稳定性的影响

一、实验目的

1. 掌握蔬菜中花青素的提取及测定方法。
2. 了解 pH 对花青素稳定性的影响。

二、实验原理

紫甘薯色素主要成分是由花青素形成糖苷后的酰基化衍生物,紫甘薯色素为水溶性天然色素,通常采用酸性溶剂提取,常用的提取剂有乙酸、盐酸、硫酸、甲酸、柠檬酸、酸化乙醇等。花青素多以糖苷的形式存在于植物的细胞液中,是植物中最主要的水溶性色素。各种花青素或花色苷的颜色差异主要是由花鲜盐上的取代基不同引起。在水溶液或食品中花色苷随 pH 改变而发生明显的变化,可能有 4 种不同的结构。

紫甘薯花青素和苋菜红的最大吸收波长都是 525 nm,可用合成苋菜红为标准绘制标准曲线,用分光光度法测定试样中紫甘薯花青素含量。

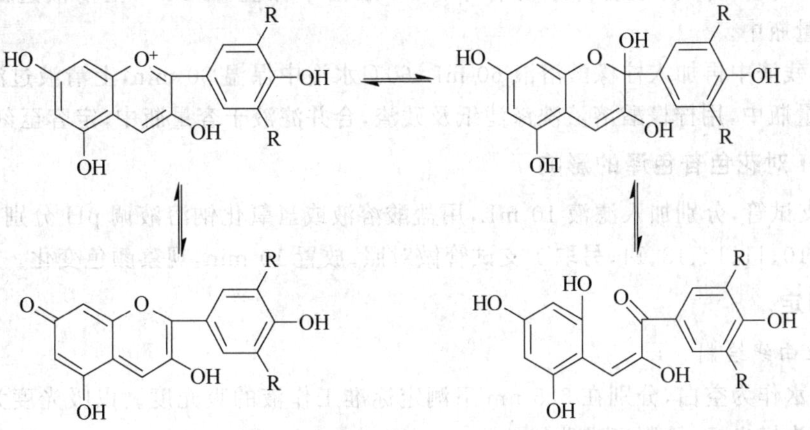

花色苷在水溶液中的 4 种存在形式

三、试剂、仪器和材料

(一)试剂

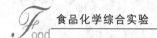

(1)苋菜红标准贮备液(500 μg/mL):准确称取干燥至恒重的50.0 mg苋菜红标准品,用水溶解并定容至100 mL。

(2)苋菜红标准工作液:分别吸取0.0 mL、1.0 mL、2.0 mL、3.0 mL、4.0 mL、5.0 mL苋菜红标准贮备液于50 mL的容量瓶中,用水定容至刻度,充分混合,配成浓度分别为0 μg/mL、10 μg/mL、20 μg/mL、30 μg/mL、40 μg/mL、50 μg/mL的苋菜红标准工作液。

(3)柠檬酸溶液(1%):称取10 g柠檬酸,用水溶解并稀释至1 000 mL。

(4)氢氧化钠溶液(1 mol/L):称取4 g氢氧化钠,用水溶解并稀释至100 mL。

(5)盐酸溶液(1 mol/L):量取盐酸9 mL,用水稀释至100 mL。

(二)仪器设备

(1)可见分光光度计。

(2)电子分析天平。

(3)电热恒温水浴锅。

(4)pH计。

(5)其他:研钵、烧杯、试管、移液管、量筒等。

(三)实验材料

新鲜紫甘薯。

四、实验步骤

(一)紫甘薯色素提取

紫甘薯用水洗去表面杂质,用滤纸吸干水分,切成1 cm小块,混匀。

称取2～5 g样品于研钵内,加入少量的柠檬酸溶液研碎后,转移至烧杯中,用60 mL柠檬酸溶液分次冲洗研钵,溶液合并于烧杯中,60℃水浴中保温30 min,上清液过滤,滤液转入250 mL容量瓶中。

在烧杯残渣中再加入柠檬酸溶液60 mL,60℃水浴中保温30 min,上清液过滤,滤液转入250 mL容量瓶中,用柠檬酸溶液洗涤滤纸及残渣,合并滤液于容量瓶中,定容至刻度。

(二)pH对花色苷色泽的影响

取14支试管,分别加入滤液10 mL,用盐酸溶液或氢氧化钠溶液调pH分别为1、2、3、4、5、6、7、8、9、10、11、12、13、14,另取1支试管做对照,放置10 min,观察颜色变化。

(三)测定

1. 标准曲线绘制

以蒸馏水作为空白,分别在525 nm下测定标准工作液的吸光度。以吸光度为纵坐标,以苋菜红含量为横坐标,绘制标准曲线。

2. 样品测定

以1%柠檬酸溶液作为空白,在525 nm下测定不同pH下紫甘薯花青素提取液的吸光度。根据测定紫甘薯花青素提取液的吸光度，在标准曲线上查出紫甘薯花青素含量。

五、结果分析

表 7-3 实验记录表

样品质量： 定容体积： 稀释倍数：

项目	1	2	3	4	5	6
标准曲线浓度/(μg/mL)	0	10	20	30	40	50
吸光值(A)						
线性方程						

样品含量/(mg/kg)

对照	1	2	3	4	5	6	7	8	9	10	11	12	13	14
吸光值														
含量														

$$X=\frac{c\times V\times f\times 1\ 000}{m\times 1\ 000}$$

式中：X—紫甘薯中的花青素含量，mg/kg；

c—标准曲线上查得提取液中花青素含量，μg/mL；

V—样品定容体积，mL；

f—样品稀释倍数；

m—甘薯的质量，g。

六、方法说明及注意事项

(1)研磨提取时尽量研成匀浆，提取更充分。

(2)测定紫甘薯花青素提取液的吸光度如果大于0.8，则需要用1%柠檬酸溶液稀释，计算结果时需要考虑稀释倍数。

思考题

1. 为什么可以用苋菜红代替紫甘薯花青素标准品？
2. 不同颜色的花青素在溶液中存在的形式是什么？

实验六 花青素稳定性的影响因素

一、实验目的

1. 了解花青素的结构及影响其颜色稳定性的因素。
2. 掌握酸、碱、温度、金属离子等对花青素溶液色泽的影响。

二、实验原理

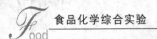

花青素是多酚类化合物，是植物中主要的水溶性色素之一。它色彩十分鲜艳，以蓝、紫、红、橙等颜色为主。花青素和花色苷的化学性质不稳定，常常因环境条件的变化而改变颜色，影响变色的条件主要包括 pH、氧化剂、酶、金属离子、糖、温度和光照等。

花青素提取液在紫外与可见光区域均具较强吸收，紫外区最大吸收波长在 270 nm 左右，可见光区域最大吸收波长在 500～550 nm 范围内。实验可通过设计几种影响花青素变色的主要因素，了解其变色的规律及原因。

三、试剂、仪器和材料

(一)试剂

(1)氢氧化钠溶液(1 mol/L)：称取 4 g 氢氧化钠，用水溶解并稀释至 100 mL。

(2)抗坏血酸溶液(20 g/L)：称取 2 g 抗坏血酸，用水溶解并稀释至 100 mL。

(3)氯化铁溶液(1 mol/L)：称取六水合氯化铁 27.03 g，用水溶解并稀释至 100 mL。

(4)氯化铜溶液(1 mol/L)：称取二水合氯化铜 17.05 g，用水溶解并稀释至 100 mL。

(5)氯化镁溶液(1 mol/L)：称取六水合氯化镁 20.33 g，用水溶解并稀释至 100 mL。

(6)氯化铝溶液(1 mol/L)：称取六水合氯化铝 24.14 g，用水溶解并稀释至 100 mL。

(7)冰乙酸。

(8)果糖。

(9)木糖。

(10)亚硫酸氢钠。

(二)仪器设备

(1)紫外可见分光光度计。

(2)组织捣碎机。

(3)酸度计。

(4)水浴锅。

(5)其他：试管、烧杯、移液管、量筒。

(三)实验材料

选择有颜色的植物样品，如紫甘蓝、桑葚、茄子、玫瑰花、玫瑰茄等。

四、实验步骤

(一)样品处理

新鲜植物样品去老叶或蒂后，用捣碎机捣碎，称取匀浆后的样品 10 g，加 100 mL 蒸馏水浸提 30 min，过滤后取滤液备用。干燥的样品用 80℃蒸馏水浸泡提取。

(二)不同处理对花青素颜色的影响

1. 酸、碱值对花青素颜色的影响

取试管 2 支，分别加入 5 mL 样品提取液，用 pH 试纸测试其酸碱度，然后逐滴加入

1 mol/L NaOH 溶液，观察颜色变化，记录。然后再分别向各试管中滴加冰乙酸，观察颜色变化，记录。对处理后的溶液进行适当稀释，利用紫外可见分光光度计进行波长扫描，分析最大吸收波长的转移特点，并分析其产生的原因。

2. 亚硫酸盐对花青素颜色的影响

取样品提取溶液 5 mL，加入少许亚硫酸氢钠，摇匀，观察色泽变化，记录。也可按上述步骤 1 操作进行扫描分析，结合不同吸收波长的变化和最大吸收波长下吸光度值的变化对比分析。

3. 抗坏血酸对花青素颜色的影响

取样品提取液 5 mL 加几滴抗坏血酸溶液，摇匀，观察溶液颜色变化并记录。

4. 金属离子对花青素颜色的影响

取试管 4 支，分别加入样品提取液 5 mL，向各试管中分别滴加 3 滴氯化铜溶液、氯化镁溶液、氯化铁溶液和氯化铝溶液，振摇，观察并记录颜色前后的变化。

5. 温度对花青素颜色的影响

取试管 4 支，各加入样品提取液 5 mL，分别在室温、40℃、60℃和 80℃水浴上加热 15～20 min，观察颜色前后的变化，并用分光光度计测定 500 nm 加热前后吸光度值的变化。

6. 糖对花青素颜色的影响

取试管 2 支，分别加入样品提取液 5 mL，向各试管中分别加果糖、木糖等少许，摇匀，沸水浴中加热，观察其颜色的变化并记录。

五、结果分析

列表记录以上各种处理花青素颜色的变化及吸收波长的变化，并分析原因，得出结论。

六、方法说明及注意事项

(1)不同样品中花青素的种类差异较大，样品提取液的颜色也不尽相同，最大吸收波长也不一致，比较时针对相同样品即可。

(2)对水分含量低的样品，在样品制备时按 1∶1 的比例加入等量的水后制成匀浆。

(3)实验中可自行选择带有花青素的样品，影响因素及实验条件也可以自己设计。

(4)利用无水氯化铝、无水氯化镁等配制溶液时，会产生大量气体并放热，需要小心。

思 考 题

1. 实验过程中哪一种因素对花青素的影响最大？为什么？

2. 通过实验，你对花青素的性质有何理解？对在加工中含花青素样品的护色有什么想法？

二维码 7-1　花青素稳定性的影响因素(视频)

第八章

风味物质

实验一 味觉敏感度测定

一、实验目的

1. 掌握4种基本味酸、甜、苦、咸的代表物质的特征。

2. 熟悉味觉分析的方法，掌握基本味阈值的测定方法。

二、实验原理

酸、甜、苦、咸是人的4种基本味觉，柠檬酸、蔗糖、硫酸奎宁、氯化钠分别为基本味觉的呈味物质。基本味以不同的浓度和比例组合时就可形成自然界千差万别的各种味觉。通过对这些基本味觉识别的训练可提高感官鉴评能力。

品尝一系列同一物质(基本味觉物)但浓度不同的溶液，可以确定该物质的味阈，即辨出该物质味道的最低浓度。察觉味阈指该浓度的味感只是和水稍有不同而已，但物质的味道尚不明显。识别味阈指能够明确辨别该物质味道的最低浓度。极限味阈指超过此浓度溶质再增加时味感也无变化。以上3种味阈值的大小，取决于鉴定者对试样味道的敏感程度。味阈值可以通过品尝由低浓度至高浓度的某种味觉溶液来确定，本实验中采用质量浓度。

三、试剂、仪器和材料

(一)试剂

(1)蔗糖溶液(20 g/100 mL)：称取50 g蔗糖，溶解并定容至250 mL。使用时分别移取20 mL、30 mL稀释并定容至1 000 mL，配成质量浓度分别为0.4 g/100 mL、0.6 g/100 mL的测试液。

(2)氯化钠溶液(10 g/100 mL)：称取25 g氯化钠溶解并定容至250 mL。使用时分别移取8 mL、15 mL稀释并定容至1 000 mL，配成质量浓度分别为0.08 g/100 mL、0.15 g/100 mL的测试液。

(3)柠檬酸溶液(1 g/100 mL)：称取2.5 g柠檬酸，溶解并定容至250 mL。使用时分别移取20 mL、30 mL、40 mL稀释并定容至1 000 mL，配成质量浓度分别为0.02 g/100 mL、0.03 g/100 mL、0.04 g/100 mL的测试液。

(4)硫酸奎宁溶液(0.02 g/100 mL)：称取0.05 g硫酸奎宁，在水浴中加热(70～80℃)溶解，冷却后定容至250 mL。使用时分别移取2.5 mL、10 mL、20 mL、40 mL，稀释并定容至1 000 mL，配成质量浓度分别为0.000 05 g/100 mL、0.000 2 g/100 mL、0.000 4 g/100 mL、0.000 8 g/100 mL的测试液。

(二)仪器设备

(1)电子天平。

(2)恒温水浴锅。

(3)其他：容量瓶、烧杯、移液管、量筒、白瓷盘、温度计等。

四、实验步骤

(一)基本味觉实验

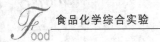

(1)在白瓷盘中,放12个已编号的小烧杯,各盛有约30 mL不同质量浓度的基本味觉测试液(其中1杯为纯水),试液以随机顺序用3位数从左到右编号排列。

(2)先用清水漱口,再取第一个小烧杯,喝一小口试液含于口中(勿咽下),使试液充分接触整个舌头,仔细辨别味道,吐出试液,用清水漱口。记录小烧杯的编号和味觉判断。按照一定的顺序(从左到右)对每一种试液(包括水)进行品尝,并做出味道判断。更换一批试液,重复以上操作。

当试液的味道低于你的分辨能力时以"0"表示;当你对试液的味道犹豫不决时,以"?"表示;当你肯定你的味道判断时,以"甜、酸、咸、苦"表示。

味觉试验记录见表8-1。

(二)基本味觉阈值实验

1. 溶液的配制

吸取氯化钠溶液0.0 mL、1.0 mL、2.0 mL、3.0 mL、4.0 mL、5.0 mL、6.0 mL、7.0 mL、8.0 mL、9.0 mL、10.0 mL稀释并定容500 mL,配成质量浓度为0.00 g/100 mL、0.02 g/100 mL、0.04 g/100 mL、0.06 g/100 mL、0.08 g/100 mL、0.10 g/100 mL、0.12 g/100 mL、0.14 g/100 mL、0.16 g/100 mL、0.18 g/100 mL和0.20 g/100 mL的系列试液。

2. 味觉阈值测定

在白瓷盘中放11个已编号的小烧杯,内盛一系列氯化钠试液(约30 mL)。从左到右浓度由小到大顺序排列,并随机以3位数给试液编号。先用清水漱口,然后喝一小口试液含于口中,活动口腔,使试液接触整个舌头和上腭,从左到右品尝试液。仔细体会味觉,对试液的味道进行描述并记录味觉强度。

3. 味觉描述记录

味阈试验记录见表8-2。用0、?、1、2、3、4、5来表达味觉强度。其中:

0:无味感或味道如水;

?:不同于水,但不能明确辨出某种味觉(察觉味阈);

1:开始有味感,但很弱(识别味阈);

2:有比较弱的味感;

3:有明显的味感;

4:有比较强的味感;

5:有很强烈的味感。

五、结果分析

表 8-1　味觉试验记录

序号	第一次实验		第二次实验	
	编号	味觉	编号	味觉

表 8-2　阈值试验记录

序号	编号	味觉	强度	序号	编号	味觉	强度

六、方法说明及注意事项

(1)试液用数字编号时，最好从随机数表上选择 3 位数的随机数字，也可用拉丁字母或字母和数字相结合的方式对试液进行编号。

(2)品评时应细心，溶液不咽下，但需在口中停留一段时间。每次品尝后，用清水漱口，等待 1 min 再品尝下一个试液。

(3)实验样品和水温尽量保持在 20℃。

思　考　题

影响味阈测定的因素有哪些？如何减少干扰因素？

实验二　果蔬中游离酚酸组成分析

一、实验目的

1. 掌握果蔬中游离酚酸的提取和组成分析的方法。
2. 了解不同果蔬中酚酸的组成。

二、实验原理

酚酸化合物是一类分子中含有一个或多个酚羟基以及羧基的化合物，是植物中广泛分布的多酚化合物的一种。约占植物源食品中酚类化合物的1/3,其对水果、蔬菜、谷类等色泽及风味有影响。酚酸主要分为两大类,羟基苯甲酸类和羟基肉桂酸类。

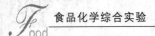

样品中的游离酚酸用有机溶剂提取、浓缩定容,微孔滤膜过滤后,在反相色谱柱中游离酚酸按一定的顺序洗脱、分离,利用紫外检测器在320 nm检测各组分的峰面积,与标准进行比较、定量。

三、试剂、仪器和材料

(一)试剂

(1)乙醚-乙酸乙酯溶液(1+1):量取乙醚100 mL加入乙酸乙酯100 mL,混匀。

(2)乙酸溶液(1%):量取1 mL乙酸,用水溶解并稀释至1 000 mL,混匀。

(3)咖啡酸贮备液(10 mg/mL):称取100 mg(精确到0.1 mg)的咖啡酸标准品,用甲醇溶解定容到10 mL的棕色容量瓶中,混匀。于−20℃冰箱中贮存。

(4)香豆酸贮备液(10 mg/mL):称取100 mg(精确到0.1 mg)的香豆酸标准品,用甲醇溶解定容到10 mL的棕色容量瓶中,混匀。于−20℃冰箱中贮存。

(5)阿魏酸贮备液(10 mg/mL):称取100 mg(精确到0.1 mg)的阿魏酸标准品,用甲醇溶解定容到10 mL的棕色容量瓶中,混匀。于−20℃冰箱中贮存。

(6)芥子酸贮备液(10 mg/mL):称取100 mg(精确到0.1 mg)的芥子酸标准品,用甲醇溶解定容到10 mL的棕色容量瓶中,混匀。于−20℃冰箱中贮存。

(7)甲醇,色谱纯。

(二)仪器设备

(1)高效液相色谱仪:配紫外检测器。

(2)分析天平。

(3)组织捣碎机。

(4)旋转蒸发仪。

(5)涡旋振荡器。

(6)离心机。

(7)其他:容量瓶、离心管、微孔滤膜、移液管等。

(三)实验材料

白菜、茄子、番茄、苹果、柑橘、葡萄等。

四、实验步骤

(一)样品处理

水果、蔬菜样品用水洗去表面黏附的杂质,晾干,取可食用部分,用组织捣碎机捣碎。准确称取捣碎后的样品10 g于50 mL离心管中,加入10 mL乙醚-乙酸乙酯溶液,用涡旋振荡器提取2 min,10 000 r/min离心5 min,将有机相转移至旋转蒸发瓶中。下层液和残渣再用有机溶剂提取2次,合并有机相于旋转蒸发瓶中,40℃减压旋转浓缩至干,残渣溶于1.00 mL甲醇中,用0.45 μm微孔滤膜过滤,上机待测。

(二)色谱条件

(1)色谱柱:反相 C_{18} 柱(250 mm×4.6 mm×5 μm)。

(2)流动相 A:1%乙酸溶液;流动相 B:甲醇溶液。流动相程序:90%A 保持 32 min,然后在 40 min 时变为 70%A,保持 10 min 后变为 90%A,保持 15 min。

(3)流速:1.0 mL/min。

(4)柱温:30℃。

(5)检测波长:320 nm。

(6)进样体积:10 μL。

(三)标准曲线绘制

分别吸取各酚酸标准贮备溶液各 0.05 mL、0.10 mL、0.15 mL、0.20 mL、0.25 mL,用甲醇稀释定容到 50 mL 的棕色容量瓶中,配制成标准工作溶液,按上述步骤(二)进行测定。以各酚酸质量浓度为横坐标,相应的峰面积为纵坐标,绘制标准曲线。

(四)样品测定

取 10 μL 试样溶液进样分析,以保留时间定性,以色谱峰面积与标准曲线比较定量,试样溶液中酚酸响应值均应在定量测定范围之内。

五、结果分析

表 8-3 实验记录表

样品质量/g: 定容体积/mL:

标准曲线	咖啡酸	香豆酸	阿魏酸	芥子酸
1				
2				
3				
4				
5				
线性方程				
相关系数				
样品 1				
样品 2				

酚酸含量按下式计算:

$$X=\frac{c\times V\times 1\,000\times f}{m\times 1\,000}$$

式中:X—样品中某酚酸的含量,mg/kg;

c—从标准曲线上查得的样品中某酚酸的含量,μg/mL;

V—样液最终定容体积,mL;

m—样品的质量,g;

f—稀释倍数。

六、方法说明及注意事项

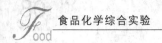

(1)转移有机相时要仔细，避免将水相转出。

(2)使用液相色谱仪进行分析时，根据所采用的色谱柱对色谱梯度洗脱条件进行调整。

思　考　题

游离酚酸和结合态酚酸的结构差异是什么？

实验三　不同水果中有机酸的组成

一、实验目的

1. 掌握水果中有机酸组成的分析方法。
2. 了解不同水果中主要有机酸的种类。

二、实验原理

有机酸是水果中的重要有机成分，其含量决定了水果的口感。水果中常见的有机酸主要有柠檬酸、苹果酸、酒石酸和丁二酸等。不同水果中有机酸的组成及含量有一定的差异。

水果中的有机酸用水超声提取后，利用反相 C_{18} 色谱柱分离，高效色谱系统仪紫外检测器检测，根据保留时间进行定性，峰面积进行定量分析。

三、试剂、仪器和材料

(一)试剂

(1)磷酸溶液(0.1%)：吸取磷酸 0.1 mL，用水稀释至 100 mL。

(2)混合标准贮备液(10 mg/mL)：分别称取柠檬酸、苹果酸、酒石酸和丁二酸标准品 0.5 g，用水溶解，并定容至 50 mL，配成浓度分别为 10 mg/mL 的标准贮备液。

(3)混合标准工作溶液：分别吸取混合标准贮备液 0.1 mL、0.5 mL、1.0 mL、2.0 mL、5.0 mL 至 10 mL 容量瓶中，用水定容至刻度，配成浓度分别为 0.1 mg/mL、0.5 mg/mL、1.0 mg/mL、2.0 mg/mL、5.0 mg/mL 标准工作液。

(4)磷酸氢二铵溶液(0.01 mol/L)：称取 1.32 g 磷酸氢二铵，加水溶解，并定容至 1 000 mL 过 0.45 μm 滤膜。用 20%磷酸调节 pH 至 2.6，超声脱气，作为流动相，备用。

(二)仪器设备

(1)电子天平。

(2)高效液相色谱。

(3)超声波清洗仪。

(4)其他：容量瓶、移液管、进样瓶等。

(三)实验材料

苹果、葡萄、橘子、梨等。

四、实验步骤

(一)样品处理

将水果去皮，将果肉切成小块，放入组织捣碎机中捣碎均匀，称取 5 g 样品于 25 mL 容量瓶中，加入 20 mL 水，超声提取 30 min，取出后定容，提取液经 0.45 μm 滤膜过滤后，上机分析。

(二)样品测定

1. 色谱参考条件

色谱柱：反相 C_{18} 柱（250 mm×4.6 mm×5 μm）。

流动相：磷酸氢二铵溶液。

流速：1.0 mL/min。

柱温：室温。

检测波长：254 nm。

进样体积：10 μL。

2. 标准曲线绘制

将标准系列工作液分别注入高效液相色谱仪中，测定相应的峰高或峰面积。以标准工作溶液的浓度为横坐标，以峰高或峰面积为纵坐标，绘制标准曲线。

3. 样品测定

将试样溶液注入高效液相色谱仪中，得到峰高或峰面积，根据标准曲线得到待测液中有机酸的浓度。

五、结果分析

表 8-4　实验记录表

样品质量(g)：　　　　　　　　定容体积(mL)：

标准曲线	柠檬酸	苹果酸	酒石酸	丁二酸
1				
2				
3				
4				
5				
线性方程				
相关系数				
样品 1				
样品 2				

样品中有机酸的含量按下式计算：

$$X = \frac{c \times V \times 1\,000}{m \times 1\,000}$$

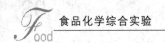

式中：X—样品中某种有机酸的含量，g/kg；

c—由标准曲线求得试样溶液中某有机酸的浓度，mg/mL；

V—样品溶液定容体积，mL；

m—试样质量，g；

1 000—换算系数。

六、方法说明及注意事项

(1)水果样品取可食部分，去除皮、籽，捣碎均匀。

(2)高效液相色谱使用一定时间后，及时用水冲洗泵，避免流动相中磷酸氢二铵盐堵塞泵。

思 考 题

1. 含糖或色素高的水果测定有机酸时，可以采取哪些措施降低干扰？
2. 还有哪些测定有机酸的方法？

实验四　茶叶冲泡过程中咖啡因的含量变化

一、实验目的

1. 掌握茶叶中咖啡因提取分离的原理及操作。
2. 了解不同种类的茶叶中咖啡因的含量差异。

二、实验原理

咖啡因是一种黄嘌呤生物碱化合物，纯的咖啡因是白色粉状物，有强烈苦味。咖啡因是中枢神经系统兴奋剂，也是新陈代谢的刺激剂，适度地使用有祛除疲劳、兴奋神经的作用。茶叶中含有较多的咖啡因，占茶叶干重的2%～5%。

咖啡因熔点为238℃，178℃升华，溶于热水、热乙醇、氯仿，较难溶于醚和苯。用热水提取茶叶中的咖啡因，利用旋转蒸发仪去除大量的水分后，利用咖啡因具有升华的性质，采用升华法对其进行纯化。

三、试剂、仪器和材料

(一)试剂

(1)95%乙醇。

(2)硅钨酸试剂：称取硅钨酸5 g溶于100 mL蒸馏水中，加稀盐酸调pH至2。

(3)碘化铋钾贮备液：量取20 mL溶液A和20 mL溶液B，混匀。

溶液A：称取硝酸铋0.85 g，用10 mL冰醋酸溶解，加水40 mL，混匀。

溶液B：称取碘化钾0.8 g溶于20 mL水中，混匀。

(4)显色剂：吸取碘化铋钾贮备液1 mL，加入冰醋酸2 mL，加水10 mL混合，用前配制。

(二)仪器设备

(1)电子天平。

(2)恒温水浴锅。

(3)可控温电炉。

(4)紫外可见分光光度计。

(5)旋转蒸发仪。

(6)其他:圆底烧瓶、纱布、蒸发皿、玻璃漏斗、烧杯、容量瓶、刀片、胶头滴管等。

(三)实验材料

绿茶、红茶、普洱茶、乌龙茶等。

四、实验步骤

(一)冲泡过程咖啡因的变化

称取5～10 g茶叶,装入滤纸包中密封好,放入烧杯中,加入50 mL热水浸泡10 min,将第一次冲泡液转入圆底烧瓶中,80℃减压浓缩至近干,冷却后,用95%乙醇将烧瓶中的浓缩物全部转入蒸发皿中,加入生石灰3～4 g,搅匀,在水浴上挥尽溶剂。

量取50 mL热水加入烧杯中浸泡装有茶叶的滤纸包,浸泡10 min,进行第二次冲泡,将提取液转入圆底烧瓶中,其余步骤同上。同样,进行第三次冲泡,其余步骤同上。

(二)不同品种茶叶中咖啡因含量

分别称取不同品种的茶叶5～10 g,装入滤纸包中密封好,放入烧杯中,加入50 mL热水浸泡10 min,将提取液转入圆底烧瓶中。再加入50 mL热水于烧杯中,浸泡滤纸包10 min,将提取液合并于圆底烧瓶中,80℃减压浓缩至近干,冷却后,用95%乙醇将烧瓶中的浓缩物全部转入蒸发皿中,加入生石灰3～4 g,搅匀,在水浴上挥尽溶剂。

(三)纯化

取一片刺满小孔的圆形滤纸,盖在含有粗咖啡因的蒸发皿上,于滤纸上再盖一只内径略小于蒸发皿的玻璃漏斗,在其颈部塞一小团棉花。将此装置小心放在石棉网上加热,当出现白色针状结晶时,暂停加热,冷却至100℃左右,揭开漏斗和滤纸,用小刀仔细地将附着于滤纸及漏斗上的咖啡因刮下,残渣搅拌后,再加热升华,将两次升华所收集的咖啡因合并放在预先称重的表面皿上,称量,比较不同冲泡次数,咖啡因含量差异。

(四)鉴定

1. 紫外光谱

取第一次提取的咖啡因配成浓度为10 μg/mL的乙醇溶液,用紫外可见分光光度计在200～400 nm进行扫描,得到紫外光谱图,记录最大吸收波长。

2. 与碘化铋钾反应

取1 mL咖啡因乙醇溶液,加1～2滴碘化铋钾试剂,应有淡黄色或红棕色沉淀。

3. 与硅钨酸试剂反应

取1 mL咖啡因乙醇溶液,加1～2滴硅钨酸试剂,应有淡黄色或灰白色沉淀。

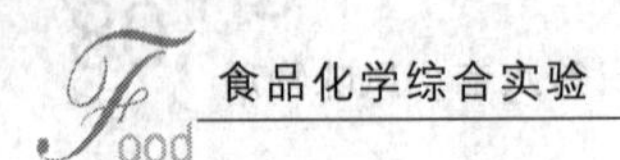

五、结果分析

表 8-5　实验记录表

提取次数	1	2	3	绿茶	红茶	普洱茶
茶叶质量/g						
表面皿质量/g						
表面皿和咖啡因质量/g						
咖啡因含量/%						

咖啡因含量按下式计算

$$X=\frac{m_2-m_1}{m}\times 100\%$$

式中：X—茶叶中咖啡因的含量，%；

m_2—纯化后咖啡因和表面皿的质量，g；

m_1—表面皿的质量，g；

m—称取茶叶样品的质量，g。

六、方法说明及注意事项

(1)浓缩及蒸干乙醇的过程中，不能直接加热，要在水浴中加热。

(2)在滤纸上刺小孔时要保持方向一致，使刺小孔时形成的毛刺朝向一边，将滤纸的毛刺朝向蒸发皿。

(3)升华过程中应严格控制加热温度，小火加热，避免温度过高使滤纸炭化。

思考题

1. 咖啡因的鉴定还可以采取哪些方法？
2. 升华操作前，加入生石灰的目的是什么？

实验五　加工处理对辣椒辣度的影响

一、实验目的

1. 掌握辣椒中辣椒素的提取、测定方法。
2. 了解辣度计算的过程。
3. 了解加工处理对辣椒素辣度的影响。

二、实验原理

辣椒是生活中使用较多的含有辛辣成分的调味料。辣椒素类物质是辣椒果实中产生辣味的香草基酰胺类生物碱的总称，其中辣椒素和二氢辣椒素两种物质占辣椒素类物质的90%，是最辛辣、影响辣度的最主要的成分。由于辣椒中其他辣椒素类的含量较少(10%左右)，因此，辣椒样品中辣椒素类物质总量按辣椒素与二氢辣椒素含量的和除以 0.9 来计算。斯科维尔指数(scoville heat units，SHU)是国际上用以表示辣感强弱的量化值。辣度是表示辣味强弱程度的量化值，用度表示。辣椒素类物质含量越高，辣度越大。

辣椒素易溶于甲醇、乙醇、乙醚、丙酮、三氯甲烷等有机溶剂及碱性水溶液，难溶于冷水。实验利用甲醇-四氢呋喃混合溶液超声提取辣椒中的辣椒素，反相高效液相色谱紫外检测器检测样品中辣椒素和二氢辣椒素的含量。通过测得的辣椒素和二氢辣椒素的含量计算辣度，从而了解加工过程对辣椒辣度的影响。

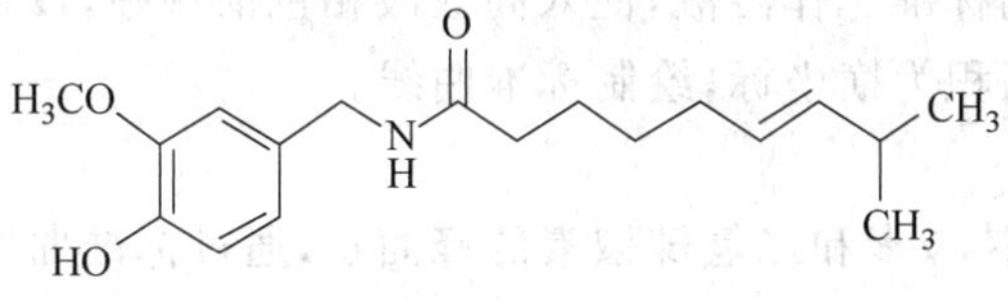

H_3CO O N H CH_3 HO CH_3

辣椒素

H_3CO O N H CH_3 HO CH_3

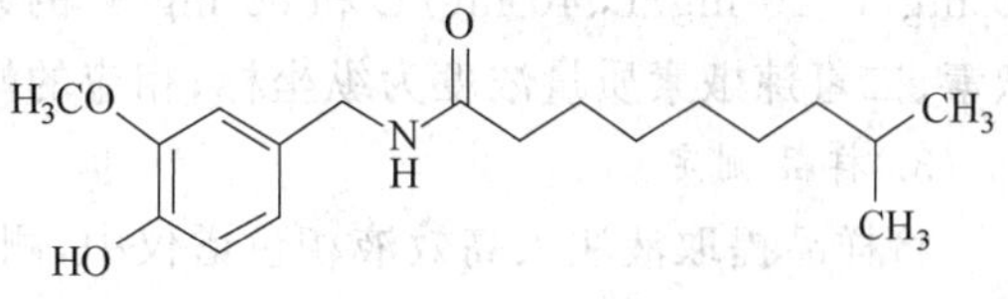

二氢辣椒素

三、试剂、仪器和材料

(一)试剂

(1)甲醇-四氢呋喃溶液(1+1)：量取 500 mL 甲醇和 500 mL 四氢呋喃，混合均匀。

(2)无水硫酸钠：使用前 400℃烘干 30 min，磨碎。

(3)辣椒素标准贮备液(200 mg/L)：称取 0.010 g 辣椒素标准品，用甲醇溶解，定容至 50 mL。

(4)二氢辣椒素标准贮备液(200 mg/L)：称取 0.010 g 二氢辣椒素标准品，用甲醇溶解，定容至 50 mL。

(5)柠檬酸溶液(0.1 mol/L)：称取柠檬酸 2.1 g，用水溶解并稀释至 100 mL。

(6)氢氧化钠溶液(0.1 mol/L)：称取氢氧化钠 0.4 g，用水溶解并稀释至 100 mL。

(二)仪器设备

(1)高效液相色谱仪。

(2)超声波清洗仪。

(3)电子天平。

(4)旋转蒸发仪。

(5)电热鼓风干燥箱。

(6)恒温水浴锅。

(7)其他：瓷坩埚、移液管、具塞锥形瓶等。

(三)实验材料

干辣椒。

四、实验步骤

(一)辣椒素提取分析方法

1. 试样提取

辣椒粉碎，称取 2.5 g 样品于 100 mL 具塞锥形瓶中，加甲醇-四氢呋喃混合溶液 25 mL，在60℃水浴中超声30 min，滤纸过滤，滤液转移至旋转蒸发瓶中，然后将滤渣和滤纸重新加提取液25 mL超声10 min，重复两次。将3次滤液收集合并，用旋转蒸发仪在70℃下浓缩至10～20 mL，然后用提取液定容至50 mL，0.45 μm滤膜过滤待HPLC检测。

2. 标准曲线绘制

色谱柱：Zorbax SB-C_{18}（4.6 mm×250 mm，5 μm）；流动相：甲醇＋水（$V+V$）＝65＋35，流速1.0 mL/min；检测波长：280 nm；色谱柱温度：30℃；进样量：10 μL。

将辣椒素和二氢辣椒素标准贮备液分别用甲醇稀释成质量浓度为0.2 mg/L、1.0 mg/L、10 mg/L、20 mg/L、40 mg/L和80 mg/L的系列标准工作溶液，注入高效液相色谱仪中，以辣椒素、二氢辣椒素质量浓度为纵坐标，相应的峰面积为横坐标，绘制标准曲线。

3. 样品测定

将样品提取液注入高效液相色谱仪中，测定辣椒素和二氢辣椒素的峰面积，通过标准曲线计算样品提取液的浓度，计算样品含量。

（二）温度对辣椒辣度的影响

分别称取2.5 g样品于100 mL坩埚中，放置在室温，50℃、100℃、150℃和200℃保持15 min，取出后冷却至室温，将样品转移至锥形瓶中，按上述步骤（一）中试样提取处理。

（三）酸碱处理对辣椒辣度的影响

分别取100 mL甲醇-四氢呋喃提取液，用柠檬酸溶液和氢氧化钠溶液调整pH为3，5，7，9和11。称取2.5 g样品于100 mL具塞锥形瓶中，分别用不同pH的提取液进行提取，按上述步骤（一）中试样提取处理。

五、结果分析

表8-6　实验记录表

浓度/(mg/L)	辣椒素	二氢辣椒素	处理条件		辣椒素/(g/kg)	二氢辣椒素/(g/kg)	辣度
0.2			温度/℃	50			
1.0				100			
10				150			
20				200			
40			pH	3			
80				5			
线性方程				7			
相关系数				9			
				11			

样品中某种辣椒素的含量按下式计算：

$$X_i=\frac{c\times V}{m\times 1\,000}$$

式中：X_i—样品中某种辣椒素的含量，g/kg；

c—从标准曲线上查得的样品提取液中某种辣椒素的浓度，mg/L；

V—样品定容体积，mL；

m—样品的质量，g。

总辣椒素类物质含量按下式计算：

$$X_T = (X_1 + X_2) \div 0.9$$

式中：X_T—样品中辣椒素类物质的含量，g/kg；

X_1—样品中辣椒素的含量，g/kg；

X_2—样品中二氢辣椒素的含量，g/kg；

斯科维尔指数计算按下式计算：

$$X_s = X_T \times 0.9 \times (16.1 \times 10^3) + X_T \times 0.1 \times (9.3 \times 10^3)$$

式中：X_s—斯科维尔指数；

X_T—样品中辣椒素类物质总量，g/kg；

0.9—辣椒素类物质总量折算系数；

16.1×10^3—辣椒素或二氢辣椒素折算为斯科维尔指数的系数，1 g/kg 辣椒素或二氢辣椒素相当于 16.1×10^3 SHU；

9.3×10^3—其余辣椒素类物质折算为斯科维尔指数的系数，1 g/kg 其余辣椒素相当于 9.3×10^3 SHU。

辣度斯科维尔系数的换算关系为：150 SHU=1 度

六、方法说明及注意事项

(1)加热处理时注意控制温度和时间。

(2)重复提取时要将滤纸一起转入锥形瓶中，转移过程避免样品损失。

思考题

1. 加工过程如何避免辣椒素的损失？

2. 辣椒素类物质还有哪些成分？

实验六　加工过程对大蒜素的影响

一、实验目的

1. 掌握大蒜素的提取方法及分析方法。

2. 了解加工处理对大蒜素含量的影响。

二、实验原理

大蒜是日常生活中常见的调味品，而大蒜的特殊风味源于大蒜中的含硫化合物——大蒜素。大蒜素的主要成分为二烯丙基二硫化物和二烯丙基三硫化物，具有强烈的辛辣刺激味，不稳定，在热和碱性环境下易分解。微溶于水，易溶于醇、醚等有机溶剂。大蒜素的含量是衡量大蒜及大蒜制品质量的主要指标。

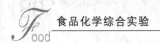

本实验采用分光光度法测定大蒜中的大蒜素含量。其原理为两分子半胱氨酸可以与一分子大蒜素反应生成两分子 S-AMC($C_3H_5—S—S—CH_2CH—(NH)_2COOH$)。将过量的半胱氨酸与大蒜素反应,用 5,5′-二硫代双(2-硝基苯甲酸)(DTNB),测定反应前后半胱氨酸的含量,根据半胱氨酸减少量计算出大蒜素含量。

DTNB 测定半胱氨酸含量的原理是一分子半胱氨酸与一分子 DTNB 反应生成黄色物质 2-硝基-5-硫代苯甲酸(NTB),NTB 在 412 nm 处有最大吸收,摩尔消光系数为 14 150(光程 1 cm)用分光光度法测得半胱氨酸含量。

三、试剂、仪器和材料

(一)试剂

(1)95%乙醇。

(2)半胱氨酸溶液(1 mmol/L):称取 0.12 g 半胱氨酸,用水溶解并定容至 1 000 mL。

(3)DTNB 溶液(1 mmol/L):称取 0.396 g DTNB,用少量的丙酮溶解后,加水稀释并定容至 1 000 mL。

(4)Tris 溶液(0.1 mol/L):称取 12.1 g Tris,用水溶解并定容至 1 000 mL。

(5)盐酸溶液(0.1 mol/L):吸取 9 mL 浓盐酸,用水定容至 1 000 mL。

(6)Tris-HCl 溶液(50 mml/L,pH 7.5):量取 50 mL Tris 溶液于 100 mL 容量瓶中,加入 40.3 mL 盐酸溶液,用水定容至刻度,混匀。

(7)氢氧化钠溶液(0.1 mol/L):称取 4 g 氢氧化钠,用水溶解并稀释至 100 mL。

(二)仪器设备

(1)电子天平。

(2)分光光度计。

(3)旋转蒸发仪。

(4)恒温水浴锅。

(5)离心机。

(6)其他:容量瓶、三角瓶、刻度试管等。

(三)实验材料

大蒜。

四、实验步骤

(一)大蒜素的提取及含量测定

1. 大蒜素的提取

将大蒜去皮洗净后,用捣蒜器将大蒜捣碎。称取 10 g 捣碎后的样品于三角瓶中,在 40℃下酶解 30 min 后,加入 50 mL 95%乙醇溶液,30℃提取 90 min,离心分离后将上清液转移至旋转蒸发瓶中,50℃水浴浓缩后,转移至 25 mL 容量瓶中,用 95%乙醇定容。

2. 大蒜素含量的测定

取 0.5 mL 半胱氨酸溶液,加 DTNB 溶液 1 mL,用 Tris-HCl 缓冲溶液稀释至 5.0 mL,26℃保温 15 min,412 nm 波长测定其吸光度 A_0。

取 0.5 mL 半胱氨酸溶液，加 0.5 mL 适量稀释的待测液，26℃保温 15 min 后，加 DTNB 溶液 1 mL，用 Tris-HCl 缓冲溶液稀释至 5.0 mL，26℃保温 15 min，412 nm 波长测定其吸光度 A。

（二）加工处理对大蒜素含量的影响

1. 酸碱环境对大蒜素含量的影响

取 4 支刻度试管，分别取大蒜素提取液 2 mL，用氢氧化钠溶液和盐酸溶液调整 pH 为 pH 3、pH 5、pH 7、pH 9，在室温下放置 15 min 后，按上述步骤（一）测定大蒜素的含量。

2. 加热处理对大蒜素含量的影响

取 4 支刻度试管，分别取大蒜素提取液 2 mL，分别在室温、40℃、80℃和 100℃条件下保持 15 min 后，按上述步骤（一）测定大蒜素的含量。

五、结果分析

表 8-7　实验记录表

处理条件		A_0	A	大蒜素浓度/(mg/mL)
pH	3			
	5			
	7			
	9			
温度/℃	室温			
	40			
	80			
	100			

大蒜素的含量按下式计算：

$$X = \frac{(A_0 - A) \times 162.26 \times f}{14\ 150 \times 2}$$

式中：X—大蒜素的浓度，mg/mL；

f—稀释倍数；

162.26—大蒜素的相对分子质量；

14 150—NTB 在 412 nm，1 cm 光程摩尔消光系数。

六、方法说明及注意事项

（1）大蒜素溶液浓缩时水浴温度不宜过高，否则大蒜素容易降解。

（2）大蒜素稳定性实验中调整 pH 要迅速，避免时间过长导致的大蒜素降解。

（3）显色时应根据大蒜中大蒜素的含量进行适当的稀释，使样品中的吸光度在 0.2～0.8 之间。

思　考　题

在生活中如何提高大蒜素的稳定性？

第九章

食品化学实验基本要求

一、实验用水要求

(一)实验用水的级别

水是食品化学和分析实验最常用的溶剂和洗涤剂,根据使用的目的和要求不同,对水的要求也不同。分析实验室所用的原水应为饮用水或适当纯度的水,从外观看应为无色透明的液体。我国将分析实验室用水分为3个级别,分别是一级水、二级水和三级水。

1. 一级水

用于有严格要求的分析实验,包括对颗粒有要求的实验,如高效液相色谱分析用水。一级水可用二级水经过石英设备蒸馏或离子交换混合床处理后,再经0.2 μm微孔滤膜过滤后获得。

2. 二级水

用于无机痕量分析等实验,如原子吸收光谱分析用水。二级水可用多次蒸馏或离子交换等方法制取。

3. 三级水

用于一般化学分析试验。可用蒸馏或离子交换等方法制取。相当于蒸馏水或去离子水。

(二)试验用水的规格

实验室用水的规格见表9-1。

表9-1　实验室用水的规格

名称	一级	二级	三级
pH范围(25℃)	—	—	5.0~7.5
电导率(25℃)/(mS/m)	≤0.01	≤0.01	≤0.05
可氧化物质含量(以O计)/(mg/L)	—	≤0.08	≤0.4
吸光度(254 nm,1 cm光程)	≤0.001	≤0.01	—
蒸发残渣(105℃±2℃)含量/(mg/L)	—	≤1.0	≤2.0
可溶性硅(以SiO_2计)含量/(mg/L)	≤0.01	≤0.02	—

由于一级水、二级水的纯度下,难以测定真实的pH,因此对一级水、二级水的pH范围不做规定。由于一级水的纯度下,难以测定可氧化物质和蒸发残渣,对其限量不做规定,可用其他条件和制备方法保证一级水的质量。

二、实验用水的存放

实验用水应使用密闭的、专用聚乙烯容器贮存。

三级水也可以用密闭、专用的玻璃容器贮存。新容器在使用前需用20%的盐酸浸泡2~3 d,再用水反复冲洗后使用。各级水在贮存期间要避免污染,其污染源主要是来自贮存容器可溶性成分的溶出、空气中的二氧化碳或其他杂质。一般情况下,二级水、三级水可以适量制备,分别存放在相应的容器中,一级水临用前制备,不可贮存。

三、试剂的要求

(一)化学试剂的规格与分类

化学试剂种类繁多，分类也不尽相同，通常根据其纯度不同分为一般试剂、标准试剂(基准试剂)、高纯试剂及具有特殊用途的专用试剂等。

1. 一般试剂

一般试剂是化学实验最常用的试剂，根据化学试剂的纯度，按杂质含量的多少，国内将化学试剂分为四级。优级纯试剂成分含量高，杂质少，主要用于精密的科学研究和测定。分析纯试剂质量略低于优级纯，杂质含量略高，用于一般科学研究、重要的分析测定。化学纯试剂质量低于分析纯，用于工厂、教学实验的一般分析工作。一般试剂规格见表 9-2。

表 9-2　一般试剂规格

级别	名称	英文名称	符号	标签	适用范围
一级	优级纯	Guaranteed reagent	G. R.	绿色	精密分析
二级	分析纯	Analytical reagent	A. R.	红色	科研及一般分析
三级	化学纯	Chemical reagent	C. R.	蓝色	一般分析实验
四级	实验试剂	Laboratory reagent	L. R.	棕色	化学制备、普通实验

2. 标准试剂

标准试剂是衡量其他物质化学量的基质物质，标准试剂不是高纯试剂，而是严格控制主体含量的试剂。我国把质量高的标准试剂称为基准试剂。

基准试剂分为 3 类：一类是用作滴定分析中标定标准溶液的基准物质，也可以直接配制已知浓度的标准溶液，主体含量一般在 99.95%～100.5%，杂质含量低于优级纯或和优级纯相当。第二类是用作校准酸度计 pH 的基准试剂，第三类是用作热值测定的基准试剂。

除基准试剂外，还有用于元素分析、色谱分析、光谱分析等的标准试剂。

3. 高纯试剂

高纯试剂的主体含量与优级纯相当，杂质含量比优级纯、标准试剂低。高纯试剂多为通用试剂，如 HCl、$HClO_4$ 等，试剂的主体含量可达 99.99%～99.999 9%。

4. 专用试剂

专用试剂指具有特殊用途的试剂，主要用于各类仪器分析方法所用的试剂，如色谱纯试剂，用于色谱分析；光谱纯试剂，用于光谱分析；核磁共振分析用试剂、红外光谱专用试剂等。

(二)化学试剂标签颜色

根据国家相关标准，化学试剂根据级别不同使用不同颜色的标签。优级纯试剂和基质试剂标签的颜色为深绿色；分析纯试剂标签颜色为金光红色；化学纯试剂标签颜色为中蓝色；生物染色剂标签颜色为玫红色。

近年来，由于化学试剂的品种规格较多，其他试剂包装的颜色差别很大，主要根据文字或符号识别化学试剂的等级。

(三)化学试剂的选择和取用

1. 化学试剂的选择

在实验过程中,所选用化学试剂的纯度、级别应根据对分析结果准确度、灵敏度的要求选择,同时考虑分析的对象、含量、成本、毒性等。化学实验一般使用分析纯试剂,仪器分析实验一般选择优级纯或专用试剂,微量或超微量分析应使用高纯试剂。

2. 化学试剂的取用

(1)固体试剂:固体试剂取用前应确定试剂的名称、规格、纯度等是否满足实验的要求,避免拿错。打开试剂瓶前,须将瓶外的灰尘或污染物除去,瓶盖打开后,应翻过来放在干净的实验台面上,避免污染瓶盖。固体试剂应用洁净、干燥的药勺取用。一般的固体试剂可以放在干燥的称量纸上称取;具有腐蚀性或易潮解的固体应放在表面皿或玻璃容器中称取。取完一种试剂后,应将药勺洗净、擦干后,才能取用另一种试剂。注意多取出的药品不能倒入原瓶中。试剂取完后,应盖好试剂瓶盖,标签朝外放置。

(2)液体试剂:使用倾注法取用液体试剂时,打开瓶塞时如沾有液体,应将瓶塞在瓶口处轻靠一下,去掉液滴;若瓶塞为平顶,可将其倒置在实验台上,如瓶塞有把,应以右手手心朝外,反面用食指和中指或中指和无名指夹住瓶塞把拿起瓶塞,再以手心朝向标签处拿起试剂倾注液体,以免弄脏试剂和标签。

如果接收的容器瓶口较小,则须将容器倾斜,靠近试剂再缓缓倾入,倾注完毕后,最后一滴可用容器轻触,以免流出瓶外;如倾注入大口的容器内,可借玻璃棒引流,避免试剂溅出。倾注纯试剂或标准溶液时,一般不借助漏斗或其他容器,以免污染或改变溶液的浓度。试剂取完后,缓缓竖直试剂瓶,盖好瓶盖。

从滴瓶中取用试剂时,提起滴管,使管口离开液面,用手指捏滴管上的橡胶帽排除空气,再把滴管放入试剂中吸取试剂。滴加试剂时,切勿将滴管深入试管中,避免污染滴管,滴加完毕后,立即将滴管插回原瓶。

(3)特殊试剂:对于剧毒、强腐蚀性、易挥发、易燃易爆及有刺激性的试剂,取用时要特别小心,必须采取适当的方法处理,以免发生事故。

对于剧毒试剂(如氰化物、三氧化二砷、有机农药等)取用时不能接触皮肤,更不能引入口中,取用后立即将手洗净。氢氟酸易腐蚀玻璃、陶瓷,一般存放在聚乙烯容器中,取用时要戴上橡胶手套和防护面具,在通风橱中操作,以免吸入蒸气或接触手及皮肤发生烧伤,若侵入骨质难以治愈。取用低沸点、易燃物时(如乙醚、丙酮等),须远离火源,在通风橱中操作。取用氨水时,如室温过高,则需将氨水瓶置于冷水中冷却后再开启,避免氨水冲出,伤害眼睛或吸入体内引起事故。溴水有剧毒且易挥发,操作时应戴上橡胶手套和防护面具,在通风橱中操作,用后应将手和手套洗净,以免烧伤皮肤和黏膜。

四、常用洗涤液的配制

1. 重铬酸钾-浓硫酸溶液

又称洗液,配制方法为称取化学纯的重铬酸钾 100 g 于烧杯中,加入 100 mL 水,微加热使其溶解。冷却后慢慢加入化学纯硫酸,边加边用玻璃棒搅动,防止硫酸溅出,开始时有沉淀析出,硫酸加到一定量时沉淀可溶解,加硫酸至溶液总体积为 1 000 mL。

铬酸洗液是强氧化剂,能除去无机物和部分有机物,但氧化作用比较慢。使用时将洗液与器皿直接接触，浸泡数分钟至数小时，取出后先用自来水充分冲洗，洗去残留的洗液，7～10次，最后用蒸馏水或去离子水淋洗3次。

2. 酸性洗液

浓硝酸或盐酸与去离子水按一定比例混合配制。常用浓度为酸-水(1+9)或(1+4)，主要用于去除微量的离子(Hg、Pb等)。一般浸泡过夜，取出用自来水冲洗，再用去离子水或双蒸水冲洗。洗涤后玻璃仪器应单独存放，防止二次污染。

3. 氢氧化钾-乙醇洗涤液

取100 g氢氧化钾，用50 mL水溶解后，加工业乙醇至1 L。主要用于去除油垢、树脂等。

4. 酸性草酸或酸性羟胺洗涤液

称取10 g草酸或1 g盐酸羟胺，溶于10 mL盐酸(1+4)中。该洗液洗涤氧化性物质。对沾污在器皿上的氧化剂，酸性草酸作用较慢，羟胺作用快且易洗净。

5. 碱性高锰酸钾洗液

称取4 g高锰酸钾溶于水中，加入10 g氢氧化钠，用水稀释至1 L。主要用于清洗油污或其他有机物质，洗后容器的污处会有褐色的高锰酸钾析出，再用浓盐酸或草酸洗液、硫酸亚铁、亚硫酸钠等去除。

6. 碘-碘化钾溶液

取1 g碘和2 g碘化钾溶于水中，用水稀释至1 L。主要用于洗涤盛放过硝酸银溶液的容器。

7. 有机溶剂

汽油、乙醚、丙酮、二氯乙烷等，主要用于洗涤可溶于该溶剂的有机物，使用时需考虑溶剂的可燃性和毒性等。

8. 肥皂洗涤液、碱洗涤液、合成洗涤剂洗涤液

实验室最常用的洗涤液，主要用于油脂和有机物的洗涤。

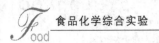

五、玻璃器皿洗涤

洁净的玻璃器皿是保证实验结果正确的基础，洗涤容器的方法很多，应根据实验的目的、器皿的种类、污物的性质和污染程度等加以选择。

新购置的玻璃器皿含游离碱较多，应在酸性溶液(如2%盐酸溶液)中浸泡数小时后用自来水冲洗干净，再用蒸馏水或去离子水冲洗内壁。已使用过的玻璃器皿可采用以下方法清洗。

1. 用水刷洗

使用各种形状的毛刷，如试管刷、烧杯刷等，用毛刷蘸水刷洗烧杯、锥形瓶、试管、离心管等，去掉容器上附着的灰尘、可溶性物质和易脱落的杂质。

2. 用合成洗涤剂刷洗

用洗涤灵或洗衣粉等刷洗容器，若仍洗不干净，可用热的洗涤剂。也可以将滴管、小试管等浸于温热的洗涤剂中，用超声波清洗机超声数分钟，清洗后用自来水冲净洗涤剂至内壁不挂水珠后，用蒸馏水或去离子水冲洗内壁3次。

3. 洗涤剂冲洗

滴定管、移液管、吸量管、容量瓶等具有精密刻度的容器，不能用毛刷刷洗，以免磨损器壁，使体积发生变化。可以用洗涤剂浸泡一段时间后，再用自来水冲洗。如果仍然有部分污染物

清洗不干净，可用铬酸洗液进行洗涤。

4. 铬酸洗液洗涤

使用铬酸洗液前最好先用水或洗涤剂将容器进行清洗，然后将容器内的水沥干，再倒入适量的洗液，转动仪器使洗液布满内壁，使污染物与洗液充分作用后，将洗液倒入原瓶内（洗液可反复使用），再用水冲洗，最后用蒸馏水或去离子水冲洗内壁 3 次。

洗液具有很强的腐蚀性，会灼伤皮肤和破坏衣物。如果不慎将洗液洒在皮肤、衣物和实验桌上，应立即用水冲洗。不要用洗液去洗涤具有还原性的污物，这些物质能把洗液中的重铬酸钾还原为硫酸铬，而洗液的颜色也会由原来的深棕色变为绿色，已变为绿色的洗液不能继续使用。重铬酸钾严重污染环境，应尽量少用洗液。

洗涤容器时应遵循少量多次的原则。既节约，又提高了效率。已洗净的容器壁可以被水完全润湿。检查是否洗净时，将容器倒转过来，水即顺着器壁流下，器壁上只留下一层既薄又均匀的水膜，而不应有水珠。

六、玻璃仪器的干燥

1. 晾干

洗净的玻璃仪器如不急用，可倒置在干净的实验台或仪器架上，自然晾干。

2. 烘干

洗净的玻璃仪器可以放在电热鼓风干燥箱内烘干，烘箱温度在 105℃左右，放入前尽量将水分沥干。放置时可将仪器口朝下，放置不稳的仪器应平放。注意砂芯玻璃滤器、带实心玻璃塞及厚壁的仪器烘干时要慢慢升温，烘干的温度不宜过高。

3. 吹干

急需干燥，又不便于烘干的玻璃仪器可用气流烘干器或电吹风吹干。

一些带有刻度的计量仪器不能用加热方法干燥，可将少量易挥发的有机溶剂（如乙醇、丙酮等），倒入洗净的仪器中，倾斜、转动仪器，使仪器壁上的水与有机溶剂混合，然后倒出，少量残留在容器中的混合液很快挥发，使容器干燥。干燥环境要求通风良好，不能接触明火。

附　录

附录1　常用标准滴定溶液的配制及标定

一、盐酸标准滴定溶液

(一)配制

(1)1 mol/L 盐酸标准滴定溶液:量取 90 mL 盐酸,加适量水稀释至 1 000 mL。

(2)0.5 mol/L 盐酸标准滴定溶液:量取 45 mL 盐酸,加适量水稀释至 1 000 mL。

(3)0.1 mol/L 盐酸标准滴定溶液:量取 9 mL 盐酸,加适量水稀释至 1 000 mL。

(4)低浓度盐酸标准滴定溶液,如 0.01 mol/L、0.02 mol/L 盐酸标准溶液,使用前用 0.1 mol/L 盐酸标准滴定溶液稀释,必要时重新标定。

(5)溴甲酚绿-甲基红混合指示液:量取 2 g/L 溴甲酚绿乙醇溶液 30 mL,加入 1 g/L 甲基红乙醇溶液 20 mL。

(二)标定

(1)1 mol/L 盐酸标准滴定溶液:精密称取约 1.5 g 在 270～300℃干燥至恒量的基准无水碳酸钠,加 50 mL 水使之溶解,加 10 滴溴甲酚绿-甲基红混合指示液,用该溶液滴定至溶液由绿色变为暗紫色,煮沸 2 min,冷却至室温后,继续滴定至溶液由绿色变为暗紫色。

(2)0.5 mol/L 盐酸标准滴定溶液:按上述(1)操作,但基准无水碳酸钠量为 0.8 g。

(3)0.1 mol/L 盐酸标准滴定溶液:按上述(1)操作,但基准无水碳酸钠量为 0.15 g。

同时做试剂空白试验。

(三)计算

盐酸标准滴定溶液的浓度按下式计算:

$$c=\frac{m}{(V_1-V_2)\times 0.053\ 0}$$

式中:c—盐酸标准滴定溶液的实际浓度,mol/L;

m—无水碳酸钠的质量,g;

V_1—盐酸标准滴定溶液用量,mL;

V_2—试剂空白中盐酸标准滴定溶液用量,mL;

0.053 0—与 1.00 mL 盐酸标准滴定溶液[$c(HCl)=1.000$ mol/L]相当的无水碳酸钠的质量,g。

二、硫酸标准滴定溶液

(一)配制

(1)1 mol/L 硫酸标准滴定溶液:量取 30 mL 硫酸,缓缓注入适量水中,冷却至室温后用水稀释到 1 000 mL,混匀。

(2)0.5 mol/L 硫酸标准滴定溶液:量取 15 mL 硫酸,其他操作同(1)。

(3)0.1 mol/L 硫酸标准滴定溶液:量取 3 mL 硫酸,其他操作同(1)。

(4)溴甲酚绿-甲基红混合指示液:量取 2 g/L 溴甲酚绿乙醇溶液 30 mL,加入 1 g/L 甲基红乙醇溶液 20 mL。

（二）标定

（1）1 mol/L 硫酸标准滴定溶液：精密称取约 1.5 g 在 270～300℃干燥至恒量的基准无水碳酸钠，加 50 mL 水使之溶解，加 10 滴溴甲酚绿-甲基红混合指示液，用该溶液滴定至溶液由绿色变为暗紫色，煮沸 2 min，冷却至室温后，继续滴定至溶液由绿色变为暗紫色。

（2）0.5 mol/L 硫酸标准滴定溶液：按上述（1）操作，但基准无水碳酸钠量为 0.8 g。

（3）0.1 mol/L 硫酸标准滴定溶液：按上述（1）操作，但基准无水碳酸钠量为 0.15 g。

（三）计算

硫酸标准滴定溶液的浓度按下式计算：

$$c=\frac{m}{(V_1-V_2)\times 0.053\ 0}$$

式中：c—硫酸标准滴定溶液的实际浓度，mol/L；

m—无水碳酸钠的质量，g；

V_1—硫酸标准滴定溶液用量，mL；

V_2—试剂空白中硫酸标准滴定溶液用量，mL；

0.053 0—与 1.00 mL 硫酸标准滴定溶液[$c(1/2H_2SO_4)=1.000$ mol/L]相当的无水碳酸钠的质量，g。

三、氢氧化钠标准滴定溶液

（一）配制

（1）氢氧化钠饱和溶液：称取 120 g 氢氧化钠，加 100 mL 水，搅拌使之溶解成饱和溶液，冷却后置于聚乙烯塑料瓶中，密塞，放置数日，澄清后备用。

（2）1 mol/L 氢氧化钠标准滴定溶液：量取 56 mL 澄清的氢氧化钠饱和溶液，加适量新煮沸过的冷水至 1 000 mL，摇匀。

（3）0.5 mol/L 氢氧化钠标准滴定溶液：按上述（2）操作，量取澄清的氢氧化钠饱和溶液改为 28 mL。

（4）0.1 mol/L 氢氧化钠标准滴定溶液：按上述（2）操作，量取澄清的氢氧化钠饱和溶液改为 5.6 mL。

（5）酚酞指示液：称取酚酞 1 g 溶于少量乙醇中，再用乙醇稀释至 100 mL。

（6）低浓度氢氧化钠标准滴定溶液：如 0.01 mol/L、0.02 mol/L 氢氧化钠溶液，临用前取 0.1 mol/L 氢氧化钠标准滴定溶液，加新煮沸过的冷水稀释制成。必要时用 0.01 mol/L 或 0.02 mol/L 盐酸标准滴定溶液标定浓度。

（二）标定

（1）1 mol/L 氢氧化钠标准滴定溶液：精密称取约 6 g 在 105～110℃干燥至恒量的基准邻苯二甲酸氢钾，加 80 mL 新煮沸过的冷水，使之尽量溶解。加 2 滴酚酞指示液，用本溶液滴定至溶液呈粉红色，30 s 不褪色。

（2）0.5 mol/L 氢氧化钠标准滴定溶液：按上述（1）操作，基准邻苯二甲酸氢钾量改为约 3 g。

（3）0.1 mol/L 氢氧化钠标准滴定溶液：按上述（1）操作，基准邻苯二甲酸氢钾量改为约 0.6 g。

同时做空白试验。

（三）计算

氢氧化钠标准滴定溶液的浓度按下式计算：

$$c = \frac{m}{(V_1 - V_2) \times 0.2042}$$

式中：c—氢氧化钠标准滴定溶液的实际浓度，mol/L；

m—邻苯二甲酸氢钾的质量，g；

V_1—氢氧化钠标准滴定溶液用量，mL；

V_2—试剂空白中氢氧化钠标准滴定溶液用量，mL；

0.204 2—与 1.00 mL 氢氧化钠标准滴定溶液[c(NaOH)＝1.000 mol/L]相当的邻苯二甲酸氢钾的质量，g。

四、氢氧化钾标准滴定溶液[c(KOH)＝0.1 mol/L]

（一）配制

称取 6 g 氢氧化钾，加入新煮沸过的冷水溶解，并稀释至 1 000 mL，混匀。

（二）标定

精密称取约 0.6 g 在 105～110℃干燥至恒量的基准邻苯二甲酸氢钾，加 80 mL 新煮沸过的冷水，使之尽量溶解。加 2 滴酚酞指示液，用本溶液滴定至溶液呈粉红色，30 s 不褪色。同时做空白试验。

（三）计算

氢氧化钾标准滴定溶液的浓度按下式计算：

$$c = \frac{m}{(V_1 - V_2) \times 0.2042}$$

式中：c—氢氧化钾标准滴定溶液的实际浓度，mol/L；

m—邻苯二甲酸氢钾的质量，g；

V_1—氢氧化钾标准滴定溶液用量，mL；

V_2—试剂空白中氢氧化钾标准滴定溶液用量，mL；

0.204 2—与 1.00 mL 氢氧化钾标准滴定溶液[c(KOH)＝1.000 mol/L]相当的邻苯二甲酸氢钾的质量，g。

五、高锰酸钾标准滴定溶液[$c(1/5\ KMnO_4)$＝0.1 mol/L]

（一）配制

称取约 3.3 g 高锰酸钾，加 1 000 mL 水，煮沸 15 min，加塞静置 2 d 以上，用垂融漏斗过滤，置于具玻璃塞的棕色瓶中密塞保存。

（二）标定

精密称取约 0.2 g 在 110℃干燥至恒量的基准草酸钠，加入 250 mL 新煮沸过的冷水、10 mL 硫酸，搅拌使之溶解。迅速加入 25 mL 高锰酸钾溶液，待褪色后，加热至 65℃，继续用高锰酸钾溶液滴定至溶液呈微红色，保持 30 s 不褪色。在滴定终了时，溶液温度不低于 55℃。同时做空白试验。

（三）计算

高锰酸钾标准滴定溶液的浓度按下式计算：

$$c=\frac{m}{(V_1-V_2)\times 0.0670}$$

式中：c—高锰酸钾标准滴定溶液的实际浓度，mol/L；

m—基准草酸钠的质量，g；

V_1—高锰酸钾标准滴定溶液用量，mL；

V_2—空白试验中高锰酸钾标准滴定溶液用量，mL；

0.067 0—与 1.00 mL 高锰酸钾标准滴定溶液[c(1/5 $KMnO_4$)=1.000 mol/L]相当的草酸钠的质量，g。

（四）高锰酸钾标准滴定溶液[c(1/5 $KMnO_4$)=0.01 mol/L]

取 0.1 mol/高锰酸钾标准滴定溶液稀释，现用现配，必要时重新标定浓度。

六、硝酸银标准滴定溶液[c($AgNO_3$)=0.1 mol/L]

（一）配制

(1)称取 17.5 g 硝酸银，加入适量水使之溶解，并稀释至 1 000 mL，混匀，避光保存。

(2)配制少量硝酸银标准滴定溶液时，可精密称取约 4.3 g 在硫酸干燥器中干燥至恒量的硝酸银(优级纯)，置 250 mL 容量瓶中，加水使之溶解并稀释至刻度，混匀，避光保存。

(3)淀粉指示液：称取 0.5 g 可溶性淀粉，加入 5 mL 水，搅匀后缓缓倒入 100 mL 沸水中，边加边搅拌，煮沸 2 min，放冷，备用。临用时现配。

(4)荧光黄指示液：称取 0.5 g 荧光黄，用乙醇溶解并稀释至 100 mL。

（二）标定

适用于按上述(一)中(1)配制的硝酸银滴定溶液。

精密称取约 0.2 g 在 270℃干燥至恒量的基准氯化钠，加入 50 mL 水使之溶解。加入 5 g/L 淀粉指示液 5 mL，用硝酸银标准滴定溶液避光滴定，接近终点时加入 3 滴荧光黄指示液，继续滴定至混浊液由黄色变为粉红色。

（三）计算

(1)按上述(一)中(1)配制的硝酸银滴定溶液按下式计算

$$c=\frac{m}{V\times 0.05844}$$

式中：c—硝酸银标准滴定溶液的实际浓度，mol/L；

m—基准氯化钠的质量，g；

V—硝酸银标准滴定溶液的体积，mL；

0.058 44—与 1.00 mL 硝酸银标准滴定溶液[c($AgNO_3$)=1.000 mol/L]相当的氯化钠的质量，g。

(2)按上述(一)中(2)配制的硝酸银滴定溶液按下式计算

$$c=\frac{m}{V\times 169.9}$$

式中：c—硝酸银标准滴定溶液的实际浓度，mol/L；

m—硝酸银的质量，g；

V—配制成的硝酸银标准滴定溶液的体积，L；

169.9—与 1.00 mL 硝酸银标准滴定溶液[c($AgNO_3$)=1.000 mol/L]相当的硝酸银的

质量，g。

（四）硝酸银标准滴定溶液[$c(AgNO_3)$＝0.01 mol/L]

临用前取 0.1 mol/L 硝酸银标准滴定溶液稀释制成。

七、碘标准滴定溶液[$c(1/2\ I_2)$＝0.1 mol/L]

（一）配制

（1）称取 13.5 g 碘、36 g 碘化钾加 50 mL 水溶解后加入 3 滴盐酸及适量水稀释至 1 000 mL。用垂融漏斗过滤，置于阴凉处，密闭、避光保存。

（2）酚酞指示液：称取 1 g 酚酞用乙醇溶解并稀释至 100 mL。

（3）淀粉指示液：称取 0.5 g 可溶性淀粉，加入 5 mL 水，搅匀后缓缓倒入 100 mL 沸水中，边加边搅拌，煮沸 2 min，放冷，备用。临用时现配。

（二）标定

精密称取约 0.15 g 在 105℃干燥 1 h 的基准三氧化二砷，加入 1 mol/L 氢氧化钠溶液 10 mL，微热使之溶解。加入 20 mL 水、2 滴酚酞指示液，加入适量硫酸（1＋35）至红色消失，再加 2 g 碳酸氢钠、50 mL 水及 2 mL 淀粉指示液，用碘标准溶液滴定至溶液显浅蓝色。同时做空白试验。

（三）计算

碘滴定溶液的浓度按下式计算：

$$c=\frac{m}{(V_1-V_2)\times 0.049\ 46}$$

式中：c—碘标准滴定溶液的实际浓度，mol/L；

m—基准三氧化二砷的质量，g；

V_1—碘标准滴定溶液用量，mL；

V_2—空白试验碘标准滴定溶液用量，mL；

0.049 46—与 1.00 mL 碘标准滴定溶液[$c(1/2\ I_2)$＝1.000 mol/L]相当的三氧化二砷的质量，g。

（四）碘标准滴定溶液[$c(1/2\ I_2)$＝0.02 mol/L]

临用前取 0.1 mol/L 碘标准滴定溶液稀释而成。

八、硫代硫酸钠标准滴定溶液[$c(Na_2S_2O_3 \cdot 5H_2O)$＝0.1 mol/L]

（一）配制

（1）称取 26 g 硫代硫酸钠及 0.2 g 碳酸钠，加入适量新煮沸过的冷水使之溶解，并稀释至 1 000 mL，混匀，放置 1 个月后过滤备用。

（2）淀粉指示液：称取 0.5 g 可溶性淀粉，加入 5 mL 水，搅匀后缓缓倒入 100 mL 沸水中，边加边搅拌，煮沸 2 min，放冷，备用。临用时现配。

（3）硫酸（1＋8）：量取 10 mL 硫酸，慢慢倒入 80 mL 水中。

（二）标定

精密称取约 0.15 g 在 120℃干燥至恒量的基准重铬酸钾，置于 500 mL 碘量瓶中，加入 50 mL 水使之溶解。加入 2 g 碘化钾，轻轻振摇使之溶解。再加入 20 mL 硫酸（1＋8），加塞，摇匀，放置暗处 10 min 后，用 250 mL 水稀释。用硫代硫酸钠标准滴定溶液滴至溶液呈浅黄绿色，再加入 5 g/L 淀粉指示液 3 mL，继续滴定至蓝色消失而显亮绿色。反应液及稀释用水的温度不应高于 20℃。同时做试剂空白试验。

（三）计算

硫代硫酸钠标准滴定溶液的浓度按下式计算：

$$c=\frac{m}{(V_1-V_2)\times 0.049\ 03}$$

式中：c—硫代硫酸钠标准滴定溶液的实际浓度，mol/L；

m—基准重铬酸钾的质量，g；

V_1—硫代硫酸钠标准滴定溶液用量，mL；

V_2—试剂空白中硫代硫酸钠标准滴定溶液用量，mL；

0.049 03—与 1.00 mL 硫代硫酸钠标准滴定溶液[$c(Na_2S_2O_3\cdot 5H_2O)$＝1.000 mol/L]相当的重铬酸钾的质量，g。

（四）硫代硫酸钠标准滴定溶液[$c(Na_2S_2O_3\cdot 5H_2O)$＝0.02 mol/L]

临用前取 0.1 mol/L 硫代硫酸钠标准滴定溶液，加新煮沸过的冷水稀释制成。

九、乙二胺四乙酸二钠标准滴定溶液

（一）配制

（1）0.05 mol/L 乙二胺四乙酸二钠标准滴定溶液：称取 20 g 乙二胺四乙酸二钠，加入 1 000 mL 水，加热使之溶解，冷却后摇匀。置于玻璃塞瓶中，避免与橡皮塞、橡皮管接触。

（2）0.02 mol/L 乙二胺四乙酸二钠标准滴定溶液：称取 8 g 乙二胺四乙酸二钠量，其他同（1）。

（3）0.01 mol/L 乙二胺四乙酸二钠标准滴定溶液：称取 4 g 乙二胺四乙酸二钠量，其他同（1）。

（4）氨水-氯化铵缓冲液（pH＝10）：称取 5.4 g 氯化铵，加适量水溶解后，加入 35 mL 氨水，再加水稀释至 100 mL。

（5）氨水溶液：量取 40 mL 氨水，加水稀释至 100 mL。

（6）铬黑 T 指示剂：称取 0.1 g 铬黑 T[6-硝基-1-(1-萘酚-2-偶氮)-2-萘酚-4-磺酸钠]，加入 10 g 氯化钠，研磨混合。

（二）标定

（1）0.05 mol/L 乙二胺四乙酸二钠标准滴定溶液

精密称取约 0.4 g 在 800℃灼烧至恒量的基准氧化锌，置于 100 mL 容量瓶中，加入 1 mL 盐酸，溶解后加水稀释至刻度，混匀。吸取 30.00～35.00 mL 此溶液，加 70 mL 水，用 10％氨水中和至 pH 7～8，再加 10 mL 氨水-氯化铵缓冲液，用乙二胺四乙酸二钠标准滴定液滴定，接近终点时加入少许铬黑 T 指示剂，继续滴定至溶液自紫色转变为纯蓝色。

（2）0.02 mol/L 乙二胺四乙酸二钠标准滴定溶液

按上述（1）操作，但基准氧化锌量改为 0.16 g；盐酸量改为 0.4 mL。

（3）0.01 mol/L 乙二胺四乙酸二钠标准滴定溶液

按上述（2）操作，但容量瓶改为 200 mL。

同时做试剂空白试验。

(三)计算

乙二胺四乙酸二钠标准滴定溶液的浓度按下式计算:

$$c=\frac{m}{(V_1-V_2)\times 0.08138}$$

式中:c—乙二胺四乙酸二钠标准滴定溶液的实际浓度,mol/L;

m—基准氧化锌的质量,g;

V_1—乙二胺四乙酸二钠标准滴定溶液用量,mL;

V_2—试剂空白中乙二胺四乙酸二钠标准滴定溶液用量,mL;

0.081 38—与1.00 mL乙二胺四乙酸二钠标准滴定溶液[$c(C_{10}H_{14}N_2O_8Na_2\cdot 2H_2O)=1.000$ mol/L]相当的氧化锌的质量,g。

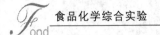

附录 2　常用酸碱的浓度

常用酸碱的浓度

试剂	分子式	相对分子质量	含量/(%,质量分数)	相对密度/(g/mL)	浓度/(mol/L)
盐酸	HCl	36.5	36～38	1.18(约)	12
硝酸	HNO_3	63.02	65～68	1.4	15
硫酸	H_2SO_4	98.1	96～98	1.84(约)	18
磷酸	H_3PO_4	98.0	85	1.70	15
高氯酸	$HClO_4$	100.5	70	1.67	12
甲酸	$HCOOH$	46.02	90	1.20	23
乙酸	CH_3COOH	60.05	36	1.04	6.3
冰乙酸	CH_3COOH	60.05	99.5	1.05(约)	17
氨水	NH_3H_2O	17	25～28	0.8	15

附录3 常见指示剂的配制

表1 常用酸碱指示剂配制

指示剂名称	配制方法	颜色变化		变色范围
		酸	碱	
甲酚红/(0.4 g/L)第一变色范围	称取0.04 g甲酚红,用50%甲醇溶解并稀释至100 mL。	红	黄	0.2～1.8
百里酚蓝/(1 g/L)第一变色范围	称取0.1 g百里酚蓝,用95%乙醇溶解并稀释至100 mL。	红	黄	1.2～2.8
甲基黄/(1 g/L)	称取0.1 g甲基黄,用95%乙醇溶解并稀释至100 mL。	红	黄	2.9～4.0
甲基橙/(1 g/L)	称取0.1 g甲基橙,溶于70℃的水中,冷却,用水稀释至100 mL。	红	橙黄	3.1～4.4
溴酚蓝/(0.4 g/L)	称取0.04 g溴酚蓝,用95%乙醇溶解并稀释至100 mL。	黄	蓝	3.0～4.6
刚果红/(1 g/L)	称取0.1 g刚果红,用水溶解并稀释至100 mL。	蓝紫	红	3.5～5.2
溴甲酚绿/(1 g/L)	称取0.1 g溴甲酚绿,用95%乙醇溶解并稀释至100 mL。	黄	蓝	3.6～5.2
甲基红/(1 g/L)	称取0.1 g甲基红,用95%乙醇溶解并稀释至100 mL。	红	黄	4.4～6.2
溴甲酚紫/(1 g/L)	称取0.1 g溴甲酚紫,用95%乙醇溶解并稀释至100 mL。	黄	紫红	5.2～6.8
溴百里酚蓝(1 g/L)	称取0.1 g溴百里酚蓝,用95%乙醇溶解并稀释至100 mL。	黄	蓝	6.0～7.6
甲酚红/(0.4 g/L)第二变色范围	称取0.04 g甲酚红,用50%甲醇溶解并稀释至100 mL。	黄	红	7.2～8.8
中性红/(1 g/L)	称取0.1 g中性红,用水溶解并稀释至100 mL。	红	黄	6.8～8.0
酚红/(1 g/L)	称取0.1 g酚红,用95%乙醇溶解并稀释至100 mL。	黄	红	6.8～8.0
百里酚蓝(1 g/L)第二变色范围	称取0.1 g百里酚蓝,用95%乙醇溶解并稀释至100 mL。	黄	蓝	8.0～9.0
酚酞/(10 g/L)	称取1 g酚酞,用95%乙醇溶解并稀释至100 mL。	无色	淡粉	8.2～10.0
百里香酚酞(1 g/L)	称取0.1 g百里香酚酞,用95%乙醇溶解并稀释至100 mL。	无色	蓝色	9.4～10.6

表 2 常用混合指示剂配制

指示剂名称	配制方法	颜色变化		变色 pH
		酸	碱	
甲基黄-亚甲基蓝	一份 1 g/L 甲基黄乙醇溶液，一份 1 g/L 亚甲基蓝乙醇溶液。	蓝紫	绿	3.3
甲基橙-靛蓝	一份 1 g/L 甲基橙水溶液，一份 2.5 g/L 靛蓝水溶液。	紫	黄绿	4.1
甲基橙-苯胺蓝	一份 1 g/L 甲基橙水溶液，一份 1 g/L 苯胺蓝水溶液。	紫	绿	4.3
溴甲酚绿-甲基红	三份 1 g/L 溴甲酚绿乙醇溶液，一份 2 g/L 甲基红乙醇溶液。	酒红	绿	5.1
甲基红-亚甲基蓝	两份 1 g/L 甲基红乙醇溶液，一份 1 g/L 亚甲基蓝乙醇溶液。	红紫	绿	5.4
溴甲酚绿-氯酚红	一份 1 g/L 溴甲酚绿钠盐水溶液，一份 1 g/L 绿酚红钠盐水溶液	黄绿	蓝紫	6.1
中性红-亚甲基蓝	一份 1 g/L 中性红乙醇溶液，一份 1 g/L 亚甲基蓝乙醇溶液。	蓝紫	绿	7.0
溴百里酚蓝-酚红	一份 1 g/L 溴百里酚蓝钠盐水溶液，一份 1 g/L 酚红钠盐水溶液。	黄	绿	7.5
甲基红-百里酚蓝	一份 1 g/L 甲基红钠盐水溶液，三份 1 g/L 百里酚蓝钠盐水溶液。	黄	紫	8.3
酚酞-百里酚酞	一份 1 g/L 酚酞乙醇溶液，一份 1 g/L 百里酚酞乙醇溶液。	无色	紫	9.9
百里酚酞-茜素黄	一份 1 g/L 百里酚酞乙醇溶液，一份 1 g/L 茜素黄乙醇溶液。	黄	绿	10.2

附录4　常用缓冲溶液的配制

一、磷酸氢二钠-磷酸二氢钾缓冲液(0.15 mol/L)

(1)0.15 mol/L 磷酸氢二钠溶液(A液):称取磷酸氢二钠 21.30 g,用水溶解,定容至 1 000 mL。

(2)0.15 mol/L 磷酸二氢钾溶液(B液):称取磷酸二氢钾 20.42 g,用水溶解,定容至 1 000 mL。

各种 pH 磷酸氢二钠-磷酸二氢钾缓冲液的配制见表1。

表1　各种 pH 磷酸氢二钠-磷酸二氢钾缓冲液的配制比例(100 mL)

pH	A液/mL	B液/mL	pH	A液/mL	B液/mL
5.2	1.8	98.2	7.0	61.1	38.9
5.4	3.6	96.4	7.2	72.0	28.0
5.6	5.2	94.8	7.6	87.0	13.0
5.8	8.4	91.6	8.2	97.0	3.0
6.4	27.0	73.0			

二、磷酸氢二钠-磷酸二氢钾缓冲液(1/15 mol/L)

(1)1/15 mol/L 磷酸氢二钠溶液(A液):称取磷酸氢二钠 9.465 g,用水溶解,定容至 1 000 mL。

(2)1/15 mol/L 磷酸二氢钾溶液(B液):称取磷酸二氢钾 9.074 g,用水溶解,定容至 1 000 mL。

不同 pH 磷酸氢二钠-磷酸二氢钾缓冲液的配制见表2。

表2　各种 pH 磷酸氢二钠-磷酸二氢钾缓冲液的配制比例(100 mL)

pH	A液/mL	B液/mL	pH	A液/mL	B液/mL
6.2	18.0	82.0	7.4	81.0	19.0
6.4	27.0	73.0	7.6	86.8	13.2
6.6	37.0	63.0	7.8	91.5	8.5
6.8	49.0	51.0	8.0	94.4	5.6
7.0	63.0	37.0	8.2	96.8	3.2
7.2	73.0	27.0	8.4	98.0	2.0

三、磷酸氢二钠-磷酸二氢钠缓冲液(0.2 mol/L)

(1)0.2 mol/L 磷酸氢二钠溶液(A液):称取磷酸氢二钠 28.40 g,用水溶解,定容至 1 000 mL。

(2)0.2 mol/L 磷酸二氢钠溶液(B液):称取磷酸二氢钠 24.00 g,用水溶解,定容至 1 000 mL。

不同 pH 磷酸氢二钠-磷酸二氢钠缓冲液的配制见表3。

表 3　各种 pH 磷酸氢二钠-磷酸二氢钠缓冲液的配制比例(100 mL)

pH	A 液/mL	B 液/mL	pH	A 液/mL	B 液/mL
5.8	8.0	92.0	7.0	61.0	49.0
5.9	10.0	90.0	7.1	67.0	33.0
6.0	12.3	87.7	7.2	72.0	28.0
6.1	15.0	85.0	7.3	77.0	28.0
6.2	18.5	81.5	7.4	81.0	19.0
6.3	22.5	77.5	7.5	84.0	16.0
6.4	26.5	73.5	7.6	87.0	13.0
6.5	31.5	68.5	7.7	89.5	10.5
6.6	37.5	62.5	7.8	91.5	8.5
6.7	43.5	56.5	7.9	93.0	7.0
6.8	49.0	51.0	8.0	94.7	5.3
6.9	55.0	45.0			

四、磷酸氢二钠-柠檬酸缓冲液

(1)0.2 mol/L 磷酸氢二钠溶液(A 液):称取磷酸氢二钠 28.40 g,用水溶解,定容至 1 000 mL。

(2)0.1 mol/L 柠檬酸溶液(B 液):称取一水合柠檬酸 21.01 g,用水溶解,定容至 1 000 mL。

不同 pH 磷酸氢二钠-柠檬酸缓冲液配制见表 4。

表 4　各种 pH 磷酸氢二钠-柠檬酸缓冲液的配制比例(100 mL)

pH	A 液/mL	B 液/mL	pH	A 液/mL	B 液/mL
2.2	2.00	98.00	5.2	53.60	46.40
2.4	6.20	93.80	5.4	55.75	44.25
2.6	10.90	89.10	5.6	58.00	42.00
2.8	15.85	84.15	5.8	60.45	39.55
3.0	20.55	79.45	6.0	63.15	36.85
3.2	24.70	75.30	6.2	66.10	33.90
3.4	28.50	71.50	6.4	69.25	30.75
3.6	32.20	67.80	6.6	72.75	27.25
3.8	35.50	64.50	6.8	77.25	22.75
4.0	38.55	61.45	7.0	82.35	17.65
4.2	41.40	58.60	7.2	86.95	13.05
4.4	44.10	55.90	7.4	90.85	9.15
4.6	46.75	53.25	7.6	93.65	6.35
4.8	49.30	50.70	7.8	95.75	4.25
5.0	51.50	48.50	8.0	97.25	2.75

五、乙酸缓冲液(0.2 mol/L)

(1)0.2 mol/L 乙酸钠溶液(A 液):称取三水合乙酸钠 27.22 g,用水溶解,定容至 1 000 mL。

(2)0.2 mol/L 冰乙酸溶液(B 液):量取冰乙酸 11.46 mL,用水稀释,定容至 1 000 mL。

不同 pH 的乙酸缓冲液的配制见表 5。

表 5 各种 pH 乙酸缓冲液的配制比例(100 mL)

pH	A 液/mL	B 液/mL	pH	A 液/mL	B 液/mL
3.6	7.5	92.5	4.8	59.0	41.0
3.8	12.0	88.0	5.0	70.0	30.0
4.0	18.0	82.0	5.2	79.0	21.0
4.2	26.5	73.5	5.4	86.0	14.0
4.4	37.0	63.0	5.6	91.0	9.0
4.6	49.0	51.0	5.8	94.0	6.0

六、柠檬酸-柠檬酸钠缓冲液(0.1 mol/L)

(1) 0.1 mol/L 柠檬酸溶液(A 液):称取 21.01 g 一水合柠檬酸,用水溶解并定容至 1 000 mL。

(2) 0.1 mol/L 柠檬酸钠溶液(B 液):称取 29.4 g 二水合柠檬酸三钠,用水溶解并稀释至 1 000 mL。

不同 pH 的柠檬酸缓冲液的配制见表 6。

表 6 各种 pH 柠檬酸缓冲液的配制比例(100 mL)

pH	A 液/mL	B 液/mL	pH	A 液/mL	B 液/mL
3.0	93.00	7.00	5.0	41.00	59.00
3.2	86.00	14.00	5.2	36.50	63.50
3.4	80.00	20.00	5.4	32.00	68.00
3.6	74.50	25.50	5.6	27.50	72.50
3.8	70.00	30.00	5.8	23.50	76.50
4.0	65.50	34.50	6.0	19.00	81.00
4.2	61.50	38.50	6.2	14.00	86.00
4.4	57.00	43.00	6.4	10.00	90.00
4.6	51.50	48.50	6.6	7.00	93.00
4.8	46.00	54.00			

七、硼酸-硼砂缓冲液(0.2 mol/L 硼酸根)

(1)0.2 mol/L 硼酸溶液(A 液):称取 12.37 g 硼酸,用水溶解,并定容至 1 000 mL。

(2)0.05 mol/L 硼砂溶液(B 液):称取 19.07 g 十水合四硼酸钠(硼砂),用水溶解,并稀释至 1 000 mL。该溶液中硼酸根离子浓度为 0.2 mol/L。

不同 pH 的硼酸盐缓冲液的配制见表 7。

表 7　各种 pH 的硼酸盐缓冲液的配制比例(100 mL)

pH	A 液/mL	B 液/mL	pH	A 液/mL	B 液/mL
7.4	90	10	8.2	65	35
7.6	85	15	8.4	55	45
7.8	80	20	8.7	40	60
8.0	70	30	9.0	20	80

八、**Tris-盐酸缓冲液(0.05 mol/L)**

(1)0.1 mol/L Tris 溶液(A 液):称取三羟甲基氨基甲烷(Tris)12.114 g,用水溶解,定容至 1 000 mL。Tris 溶液可从空气中吸收二氧化碳,使用时注意将瓶盖严。

(2)0.1 mol/L 盐酸溶液(B 液):吸取 8.4 mL 浓盐酸,用水稀释并定容至 1 000 mL。

Tris-盐酸缓冲液的配制,吸取 50 mL A 液与 X mL B 液混匀后,加水稀释至 100 mL。具体配制比例见表 8。

表 8　各种 pH Tris-盐酸缓冲液的配制比例(100 mL)

pH	X/mL	pH	X/mL
7.10	45.7	8.10	26.2
7.20	44.7	8.20	22.9
7.30	43.4	8.30	19.9
7.40	42.0	8.40	17.2
7.50	40.3	8.50	14.7
7.60	38.5	8.60	12.4
7.70	36.6	8.70	10.3
7.80	34.5	8.80	8.5
7.90	32.0	8.90	7.0
8.00	29.2		

参 考 文 献

1. GB 5009.238—2016 食品安全国家标准　食品水分活度的测定.

2. 胡坤,张家年. 稻谷水分吸附与解吸等温线拟合模型的选择及其参数优化. 农业工程学报,2006,22(1):153-156.

3. GB 5009.7—2016 食品安全国家标准　食品中还原糖的测定.

4. GB 5009.8—2016 食品安全国家标准　食品中果糖、葡萄糖、蔗糖、麦芽糖、乳糖的测定.

5. 王黎明. 马铃薯中粗淀粉含量的测定方法——旋光法. 宁夏农林科技,2010,6:51.

6. DB63/T 1671—2018 青稞中直链淀粉和支链淀粉含量的测定　分光光度法.

7. GB/T 15683—2008 大米　直链淀粉含量的测定.

8. GB/T 22428.1—2008 淀粉水解产品还原力和葡萄糖当量测定.

9. NY/T 2016—2011 水果及其制品中果胶含量的测定　分光光度法.

10. 汪海波. 低酯果胶的凝胶质构性能研究. 食品科学,2006,27(12):123-129.

11. GB 5009.168—2016 食品安全国家标准　食品中脂肪酸的测定.

12. GB 5009.229—2016 食品安全国家标准　食品中酸价的测定.

13. GB 5009.227—2016 食品安全国家标准　食品中过氧化值的测定.

14. GB5009.86—2016 食品安全国家标准　食品中抗坏血酸的测定.

15. 李维瑶,何志勇,熊幼翎,等. 温度对于大豆分离蛋白起泡性的影响研究. 食品工业科技,2010,2:86-88.

16. 肖雪梅,王明辉. 蛋黄中卵磷脂的提取条件研究. 江西化工,2016,6:54-57.

17. DB13/T 812—2006 大豆及其制品蛋白质溶解度的测定.

18. 向小丽,杨立怡,孙怡,等. 高效液相色谱法分析大豆和大豆低聚糖浆中糖的组成与含量. 食品科学,2007,28(12):412-415.

19. 高媛,王蒙,王瑶,等. 蔬菜及其制品中不同形态酚酸成分分析. 食品科学,2018,39(24):189-194.

20. 张小伟,魏晓霞,胡浩斌. 陇东地区干红辣椒中辣椒红素的提取工艺研究. 广州化工,2016,43(15):74-76.

21. 韩晓岚,胡云峰,赵学志,等. 辣椒中辣椒红素稳定性的研究. 中国食物与营养,2010,9:27-29.

22. 周宇,肖乾伟. 酶解法提取大蒜素的工业研究. 化工时刊,2010,24(7):22-24.

23. 王伟,热夏提·达吾来提,艾克拜尔·买买提,等. 赛买提大蒜中大蒜素的稳定性研究. 中国调味品,2010,2(35):53-55.

24. GB 5009.35—2016 食品安全国家标准　食品中合成着色剂的测定.

25. NY/T 2012—2011 水果及制品中游离酚酸含量的测定.

26. 丁士勇．牛肉肌红蛋白和血红蛋白稳定性研究．食品科学，2006，27(07)：93-94.

27. GB/T 5009.1—2003 食品卫生检验方法　理化部分　总则．

28. 宁正祥．食品成分分析手册．北京：中国轻工业出版社，1998.

29. 黄晓钰，刘邻渭．食品化学综合实验．北京：中国农业大学出版社，2002.

30. 赵国华．食品化学实验原理与技术．北京：化学工业出版社，2009.

31. 谢明勇，胡晓波．食品化学实验与习题．北京：化学工业出版社，2012.

32. 王喜波，张英华．食品检测与分析实验．北京：化学工业出版社，2013.

33. 邵秀芝，郑艺梅，黄泽元．食品化学实验．郑州：郑州大学出版社，2013.

34. 庞杰、敬璞．食品化学实验．北京：中国林业出版社，2014.

35. 严奉伟，丁保森．食品化学与分析实验．北京：化学工业出版社，2016.